環境・都市システム系 教科書シリーズ 21

環境生態工学

博士(工学) 宇野 宏司
博士(工学) 渡部 守義 共著

コロナ社

環境・都市システム系 教科書シリーズ編集委員会		
編集委員長	澤　　孝平	（元明石工業高等専門学校・工学博士）
幹　　事	角田　　忍	（明石工業高等専門学校・工学博士）
編集委員	荻野　　弘	（豊田工業高等専門学校・工学博士）
（五十音順）	奥村　充司	（福井工業高等専門学校）
	川合　　茂	（舞鶴工業高等専門学校・博士（工学））
	嵯峨　　晃	（元神戸市立工業高等専門学校）
	西澤　辰男	（石川工業高等専門学校・工学博士）

（2008年4月現在）

「環境生態工学」（環境・都市システム系 教科書シリーズ）正誤表

p.22 [誤]	表2.2　2列目の6行目内1行目 バイオスフェア	[正]	バイオスフィア
p.29 [誤]	表2.5　4列目の5行目 細菌類	[正]	藻類
p.56 [誤]	図3.3 一番下の生産者の帯右端 F_0	[正]	E_0
p.74 [誤]	表4.3　3行2列目内1行目 $NH_4^+ + (2/3)O_2 \to \cdots$	[正]	$NH_4^+ + (3/2)O_2 \to \cdots$
p.86　コーヒーブレイク5行目　　p.91　下から7行目			
p.95 [誤]	表6.3　5行2列目内下から1行目 とう	[正]	という
p.95 [誤]	式(6.2) 2行目 $\cdots = -\sum_{i=1}^{S} n_i \left(\dfrac{n_i}{N}\right) \cdots$	[正]	$\cdots = -\sum_{i=1}^{S} \left(\dfrac{n_i}{N}\right) \cdots$
p.133 [誤]	6行目 優先	[正]	優占
p.173 [誤]	表9.1　1997.12の出来事 第3回機構変動	[正]	第3回気候変動

①

刊行のことば

　工業高等専門学校（高専）や大学の土木工学科が名称を変更しはじめたのは1980年代半ばです。高専では1990年ごろ，当時の福井高専校長　丹羽義次先生を中心とした「高専の土木・建築工学教育方法改善プロジェクト」が，名称変更を含めた高専土木工学教育のあり方を精力的に検討されました。その中で「環境都市工学科」という名称が第一候補となり，多くの高専土木工学科がこの名称に変更しました。その他の学科名として，都市工学科，建設工学科，都市システム工学科，建設システム工学科などを採用した高専もあります。

　名称変更に伴い，カリキュラムも大幅に改変されました。環境工学分野の充実，CADを中心としたコンピュータ教育の拡充，防災や景観あるいは計画分野の改編・導入が実施された反面，設計製図や実習の一部が削除されました。

　また，ほぼ時期を同じくして専攻科が設置されてきました。高専〜専攻科という7年連続教育のなかで，日本技術者教育認定制度（JABEE）への対応も含めて，専門教育のあり方が模索されています。

　土木工学教育のこのような変動に対応して教育方法や教育内容も確実に変化してきており，これらの変化に適応した新しい教科書シリーズを統一した思想のもとに編集するため，このたびの「環境・都市システム系教科書シリーズ」が誕生しました。このシリーズでは，以下の編集方針のもと，新しい土木系工学教育に適合した教科書をつくることに主眼を置いています。

（1）　図表や例題を多く使い基礎的事項を中心に解説するとともに，それらの応用分野も含めてわかりやすく記述する。すなわち，ごく初歩的事項から始め，高度な専門技術を体系的に理解させる。

（2）　シリーズを通じて内容の重複を避け，効率的な編集を行う。

（3）　高専の第一線の教育現場で活躍されている中堅の教官を執筆者とす

る。

本シリーズは，高専学生はもとより多様な学生が在籍する大学・短大・専門学校にも有用と確信しており，土木系の専門教育を志す方々に広く活用していただければ幸いです。

最後に執筆を快く引き受けていただきました執筆者各位と本シリーズの企画・編集・出版に献身的なお世話をいただいた編集委員各位ならびにコロナ社に衷心よりお礼申し上げます。

2001年1月

編集委員長　澤　　孝　平

まえがき

　環境保全のための科学技術は日々進歩している。しかし，いくら科学技術が進歩したとしても，現在のような人間活動に伴って発生する環境への影響を完全になくすことは不可能である。例えば，リサイクル可能な自然のエネルギーとして太陽光発電が注目されているが，太陽光発電のためのパネル一つを取り上げても，その製造から廃棄に至るまでには，さまざまな鉱物資源やエネルギーを消費している。このように私たちの暮らしは，さまざまな資源や生態系に依存する一方で，私たちの活動そのものが自然や生態系に大きな影響を与えている。

　環境問題に対する工学的アプローチとは，本来有している生態系機能以上のものを利用する人間の行為による環境に及ぼす影響を明らかにし，解決策を見出していくことにある。一方で，その健全性や生物多様性を失った生態系において，本来の生態系構成要素や機能を回復するための環境保全技術への要求が高まっている。生態系を持続的に保全するためには，その利用を適度なレベルに保つことにより，利用に伴うさまざまな影響をできるだけ軽減することが必要である。

　このような社会背景により，建設・土木系分野においても，自然環境・生態系に配慮した技術開発により循環型社会を構築することが求められている。自然環境を保全するための基盤となる生態学（ecology）の素養は必須となってきている。生態学は生物学（biology）の基礎分野として発展した学問で，生物の生活の法則をその環境との関係から解明する科学である。生態学は，多様でスケールの大きく異なる現象を対象としており，なにを対象にするのかによってさらに細かく分類される。場の特徴からは海洋生態学，陸水生態学，森林生態学などに分類され，対象生物の分類群からは植物生態学，微生物生態

学，哺乳類生態学などに分けられる。また，研究方法の視点からは空間生態学，統計生態学，分子生態学などに分類され，応用の目的を明確にした応用生態学（applied ecology）に含まれる学問領域として保全生態学，農業生態学，景観生態学などがある。

　一方，生態工学（ecological engineering, eco-technology）は，人為的操作によって人間活動の影響を受けた生態系を望ましい状態に保全したり，復元，創出することを目指すものである。1993年に刊行された国際誌 Ecological Engineering では，生態工学について「人類と自然環境の双方に利する人間社会のあり方」という包括的な定義で定めている。したがって，その取り扱う範囲には，環境影響を軽減するためのごみ処理法の開発，生態系を考慮した食糧生産技術，環境負荷の少ないエネルギー開発，生息地保全復元のための土木技術開発など，農学や工学のほぼ全領域が含まれている。1997年に発足した応用生態工学研究会（現在の応用生態工学会）では，土木工学と生態学との融和によって，生態学的知見を環境保全のための土木事業に活用することを目標にしている。生態工学に基づく技術の最大の特色は，生態系が有している自己設計（self-design, self-organization）機能を最大限に利用することである。生態系には未知な部分が多く，目標となる構造や機能をもった生態系が必ずしもつくられるとはかぎらない。そこで，地域開発や生態系管理の計画を確定的なものととらえずに，目標とする生態系に遷移するように環境条件を制御することを基本としている。

　本書で扱う環境生態工学とは環境工学や生態工学を学ぶための基礎的な部分を包括したものである。生態系について初めて学ぶ学生や，その保全に関わる若手技術者らが本書を手にし，学習や実務の一助となれば幸いである。

　2016年1月

宇野宏司・渡部守義

目　　　次

1.　　地球環境問題

1.1　環境問題の変化と持続可能な社会 …………………………………… *1*
1.2　地球環境問題 ……………………………………………………………… *4*
　1.2.1　地球温暖化 …………………………………………………………… *4*
　1.2.2　オゾン層の破壊 ……………………………………………………… *6*
　1.2.3　酸　性　雨 …………………………………………………………… *9*
　1.2.4　森林の減少 …………………………………………………………… *10*
　1.2.5　海　洋　汚　染 ……………………………………………………… *12*
　1.2.6　有害廃棄物の越境移動 ……………………………………………… *14*
　1.2.7　開発途上国における環境問題 ……………………………………… *16*
演　習　問　題 …………………………………………………………………… *17*

2.　　環境生態工学の基礎

2.1　生態系の概念 …………………………………………………………… *19*
2.2　生態系の種類と分布 …………………………………………………… *22*
2.3　生態系機能と生態系サービス ………………………………………… *27*
2.4　個体と個体群 …………………………………………………………… *28*
　2.4.1　成　長　曲　線 ……………………………………………………… *30*
　2.4.2　種　内　競　争 ……………………………………………………… *35*
　2.4.3　個体群の移動と分散 ………………………………………………… *37*
　2.4.4　個体群の生活史と生存戦略 ………………………………………… *39*
2.5　生　物　群　集 ………………………………………………………… *42*
　2.5.1　ニッチとギルド ……………………………………………………… *42*

  2.5.2 生物間の相互作用 ··· 44
  2.5.3 生 態 遷 移 ·· 45
演 習 問 題 ··· 48

3. 生態系の構成とそのつながり・エネルギーの流れ

3.1 生産者・消費者・分解者 ·· 50
3.2 一次生産と光合成 ·· 53
3.3 消費者による二次生産 ·· 55
3.4 生態ピラミッド ·· 58
3.5 食 物 連 鎖 ·· 59
3.6 生態系におけるエネルギーの流れ ·· 61
演 習 問 題 ··· 63

4. 生態系における物質循環

4.1 物質循環と物質収支 ·· 66
4.2 水 の 循 環 ·· 70
4.3 炭 素 の 循 環 ·· 71
4.4 窒 素 の 循 環 ·· 73
4.5 リ ン の 循 環 ·· 74
演 習 問 題 ··· 77

5. 生 物 多 様 性

5.1 生物多様性とはなにか ·· 78
5.2 生物多様性の危機 ·· 80
5.3 生物多様性条約と新・生物多様性国家戦略 ···························· 82

5.4　レッドデータブック ·· 84
演 習 問 題 ·· 87

6.　生態系の評価とリスクマネジメント

6.1　生態系と環境問題の評価 ·· 89
6.2　生態系の評価法 ·· 93
　6.2.1　生態系評価の分類 ·· 93
　6.2.2　生物を用いた環境の評価 ·· 94
　6.2.3　環境影響評価における生態系評価 ·· 99
6.3　生態環境リスク ·· 110
　6.3.1　生態環境リスクとは ·· 110
　6.3.2　生態環境リスクの予防的管理 ·· 112
　6.3.3　生態環境リスクマネジメントの基本手順 ································ 114
演 習 問 題 ·· 118

7.　環境保全技術

7.1　環境保全技術の定義 ·· 120
7.2　ビオトープ ·· 125
　7.2.1　ビオトープとは ·· 125
　7.2.2　ビオトープの現状 ·· 127
　7.2.3　ビオトープの保全 ·· 128
演 習 問 題 ·· 132

8.　各種生態系の保全と管理

8.1　森林生態系 ·· 133
　8.1.1　森林生態系の概要 ·· 133
　8.1.2　森林生態系の現状と課題 ·· 137

- 8.1.3 森林生態系の保全と管理 ... 138
- 8.2 都市生態系 ... 140
  - 8.2.1 都市生態系の概要 ... 140
  - 8.2.2 都市生態系の現状と課題 ... 141
  - 8.2.3 都市生態系の保全と管理 ... 141
- 8.3 農耕地生態系 ... 143
  - 8.3.1 農耕地生態系の概要 ... 143
  - 8.3.2 農耕地生態系の現状と課題 ... 145
  - 8.3.3 農耕地生態系の保全と管理 ... 146
- 8.4 ダム・湖沼生態系 ... 147
  - 8.4.1 ダム・湖沼生態系の概要 ... 147
  - 8.4.2 ダム・湖沼生態系の現状と課題 ... 150
  - 8.4.3 ダム・湖沼生態系の保全と管理 ... 152
- 8.5 河川生態系 ... 156
  - 8.5.1 河川地形と生息空間 ... 156
  - 8.5.2 河川生態系の概要 ... 159
  - 8.5.3 河川生態系の保全と管理 ... 160
- 8.6 干潟生態系 ... 163
  - 8.6.1 干潟生態系の概要 ... 163
  - 8.6.2 干潟生態系の機能 ... 164
  - 8.6.3 わが国の干潟生態系の現状 ... 167
- 演習問題 ... 171

9. 自然環境を守るための法制度

- 9.1 自然環境に関する日本における法制度 ... 172
- 9.2 環境基本法 ... 174
- 9.3 環境影響評価法 ... 176
- 9.4 生物多様性基本法 ... 179
- 9.5 野生生物の保護に関連する法律 ... 182
  - 9.5.1 鳥獣保護法 ... 182

  9.5.2　種 の 保 存 法 ……………………………………………… *183*
  9.5.3　カルタヘナ法 ………………………………………………… *184*
  9.5.4　外 来 生 物 法 ……………………………………………… *185*
 9.6　生態系の保全・再生に関する法律 ………………………………… *188*
  9.6.1　自 然 公 園 法 ……………………………………………… *188*
  9.6.2　自然環境保全法 ………………………………………………… *190*
  9.6.3　自然再生推進法 ………………………………………………… *191*
 9.7　自然生態系に関する主な国際条約 ………………………………… *195*
  9.7.1　ラムサール条約 ………………………………………………… *195*
  9.7.2　ワシントン条約 ………………………………………………… *196*
  9.7.3　生物多様性条約 ………………………………………………… *198*
演 習 問 題 …………………………………………………………………… *200*

引用・参考文献 ……………………………………………………………… *202*

演 習 問 題 解 答 …………………………………………………………… *207*

索　　　　引 ………………………………………………………………… *214*

1

地球環境問題

　人間活動は，自然環境に対してさまざまな負荷を与え環境問題を引き起こしている。本章では，高度成長期の地域の環境問題から，近年顕在化している地球環境問題への拡大の背景を概説し，その典型的な七つの地球環境問題について学習する。

1.1 環境問題の変化と持続可能な社会

　環境（environment）とは，人間や生物などの主体を取り巻く周囲のすべての"もの"や"こと"を指すが，英語では [the] を付けて森林や水辺などの自然環境を意味する。一般に環境問題とは後者でとらえられ，自然環境の悪化を意味することが多い。自然環境の悪化は，人間の活動に起因するものがほとんどであり，これにより再び人類の生命や生活に悪影響を及ぼすことで，自然環境問題として社会に現れる。

　人間活動は 20 世紀後半に化石燃料をエネルギー源とした産業革命によって飛躍的に発展した。その一方で周辺環境に対する配慮が足りず，化学工場のような特定の場所から排出される汚染物質がその周辺の環境を悪化させる**地域環境問題**（regional environmental issues）が発生した。わが国においても 1950 年ごろから化学工場の水銀排水に起因する水俣病や，窒素・リンなどの栄養塩類の流入による閉鎖性水域の富栄養化と，これに伴う赤潮や貧酸素水塊の発生といった問題が特定の地域で発生した。これらの問題を解決するため衛生工学や環境工学をはじめとする学問が大きな役割を果たしたことは周知のことであ

1. 地球環境問題

る。一方で，人間の生命に関わるか否かを問わず，環境問題ではどの程度のレベルで影響の有無があるのかを判断することがきわめて重要である。一般的には，環境の悪化が種々の基準値を超えるものであるか否かによって人体への影響の有無を間接的に評価する方法がとられている。1967年に公害対策基本法が制定され，公害対策が総合的に推進された。現在，残された課題はあるものの，わが国をはじめ先進国においては公害問題はほとんど見られなくなった。しかし，途上国においてはいまもなお排気ガスや排水が引き金となった多くの公害問題を抱えているところもあり，先進国の技術支援などが必要とされている。1980年代の半ばからは，ある場所から排出された汚染物質が地球全体の環境を悪化させるような地球温暖化や酸性雨など，人類の将来にとって大きな脅威となる地球規模の環境問題である**地球環境問題**（global environmental issues）が大きく意識され始めた。地球環境問題の場合，問題の発生している地域が独自で対策をとっても，それだけでは問題の解決は不可能である。例えば地球温暖化の防止のための二酸化炭素の排出規制を，日本や先進各国で行っても，それ以外の国での排出が続けば地球温暖化は防止できない。地球環境問題の背景には世界人口の急激な増加があるとされている。2013年の国連世界人口予測報告書（United Nations report）によると，現在の世界人口は72億人で，今後12年間にさらに10億人の増加が見込まれ，2050年には96億人に達するといわれている。人口増加と経済成長に伴う生活水準の向上により，エネルギー，食糧，天然資源への需要も増加し，地球環境問題を解決するどころか，さらに深刻化することが容易に予想できる。国際社会でもさまざまな取組みがなされている。その一方で，先進国と途上国で環境問題の対策のための足並みがそろわないのは，環境問題への取組みが自国の経済発展を停滞させるからである。

　しかし，近年特に顕在化してきた地球環境問題によって，人類の存続には，環境問題の解決が不可欠であるという認識が広まっている。わが国における自然保護に対する意識は，**表 1.1** のように，近年は自然保護や環境保全を優先に考える割合が増えている。経済的な豊かさの追求から，良好な環境や幸福感

表 1.1　自然保護に対する意識に関する世論調査結果[2)]

	該当者数	人間が生活していくために最も重要なこと	人間社会との調和を図りながら進めていくこと	開発の妨げとなるなど不要なこと	その他	わからない
	人	〔%〕	〔%〕	〔%〕	〔%〕	〔%〕
1991年6月調査	2 253	36.1	58.5	0.7	0.1	4.7
1996年11月調査	3 493	36.0	58.9	1.2	0.1	3.9
2001年5月調査	2 072	40.1	56.8	0.8	0.0	2.3
2006年6月調査	1 834	48.3	46.7	2.3	0.3	2.5

などを含むより広い意味での豊かさを求める意識の変化があったものと考えられる。また，2013年に実施された環境省の「環境にやさしいライフスタイル実態調査」では，「環境保全の取組みを進めることは，経済の発展につながる（75.0%がそう思う）」，「大量消費・大量廃棄型の生活様式を改めることは重要である（92.9%がそう思う）」など環境問題への取組みに対する考え方や意見について，ほとんどの項目で肯定的な回答が85%を超えている。このような人々の後押しもあり，従来までの技術開発による環境問題の解決だけでなく，社会の取組みを見直すことが求められている。「**持続可能な開発**（sustainable development）」という理念は，1987年に国連の「環境と開発に関する世界委員会」（WCED）の最終報告書「Our common future」の中で提唱された。この理念は「将来の世代の欲求を満たしつつ，現在の世代の欲求も満足させるような開発」と説明されている。つまり，環境保全と開発行為は相反するものではなく共存も可能であり，環境保全を考慮した節度ある開発が重要であるという考えに基づくものである。

1.2 地球環境問題

地球環境問題にはさまざまなものが挙げられるが，本章では地球温暖化，オゾン層の破壊，酸性雨，森林（特に熱帯林）の減少，海洋汚染，有害廃棄物の越境移動，開発途上国における環境問題について次節以降，順に取り上げる。なお，5章で取り上げる「生物多様性」の減少なども，広い意味での地球環境問題の範疇に含まれる。

1.2.1 地球温暖化

地球温暖化（global warming）とは，人間の活動によって大気中の**温室効果ガス**（greenhouse gas）の濃度が増加することにより，地球表面の大気や海洋の平均温度が長期的に上昇する現象のことである。

温室効果ガス（**図1.1**）には二酸化炭素（CO_2），メタン（CH_4），亜酸化窒素（N_2O），ハイドロフルオロカーボン類（HFCs），パーフルオロカーボン類（PFCs），六フッ化硫黄（SF_6）などがあるが，最も代表的なものは二酸化炭素である。

図1.2に示すように産業革命前の二酸化炭素の大気中濃度は，280 ppm 前後

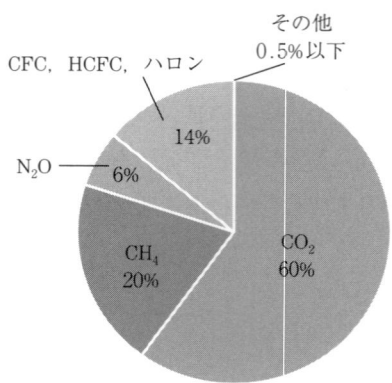

図1.1 温室効果ガスの寄与度[12]

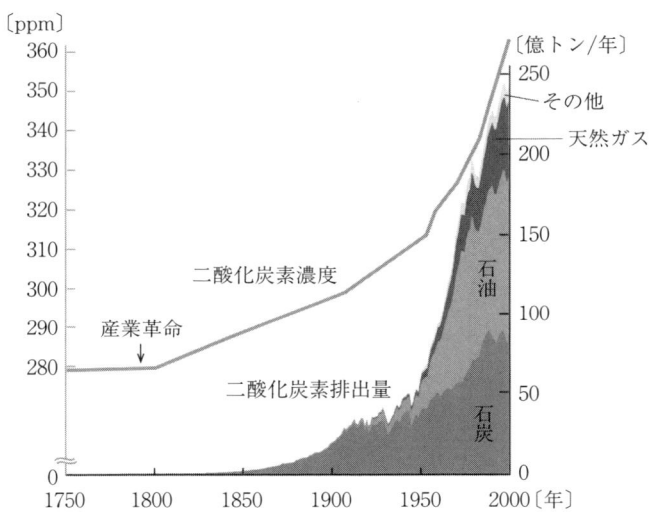

図 1.2 温室効果ガスの濃度と量の推移（オークリッジ国立研究所　全国地球温暖化防止活動推進センター Web サイトより転載）

でほぼ安定していたが，産業革命以後急激に上昇し，現在は約 370 ppm と 3 割程度増加していて，このままでは 21 世紀末に 540〜970 ppm になることが予想されている。

　地球の地表温度はこの 100 年間に 0.3〜0.6℃ 上昇しているといわれるが，46 億年の長い地球の歴史からみても 100 年という短期間のうちにこれほど気温が上昇した例はなく，温室効果ガスの増加が地球温暖化問題を引き起こしていると考えられている。

　気候変動に関する政府間パネル（IPCC）の予測では，現状のままで推移すれば，地表の平均温度は 21 世紀末までに 1.4〜5.8℃ 上昇するといわれている。このような短期間での温暖化は地球環境に大きな影響を及ぼす可能性がある。例えば，特に移動能力のない樹木は 100 年という短期間における気温上昇のスピードに適応することができないため，大きな打撃を受けることが予想され，その影響はそこで生活する他の動植物にも及ぶと考えられる。また，地球温暖化が進むと，氷河の融解や海水の膨張などにより，海面が上昇することが

予想される。IPCC の第 3 次報告書（2001 年）によれば，21 世紀末までに 9～88 cm 上昇するとされており，島国や低地に住む人々にとっては深刻な問題となっている。その他，降水パターンの変化による自然災害の多発化，世界の穀倉地帯の乾燥化による食糧生産への影響，動物媒介性感染症の流行地域の拡大など，さまざまな影響の可能性が懸念されている。

地球温暖化を防止するためには，大気中の温室効果ガスの濃度を下げる必要があり，IPCC の第 2 次報告書（1995 年）では「大気中の二酸化炭素を現在のレベルに安定化させるためには，直ちに 50～70% 削減しなければならない」と指摘している。この困難な課題の実現に向けて，これまでに多くの温室効果ガスを排出してきた先進国がまず責任を果たすべきという考えから，先進国が削減すべき温室効果ガス排出量の数値目標を定めたのが**京都議定書**（Kyoto Protocol）である。

京都議定書では，先進国全体で，前述の 6 種類の温室効果ガスの排出量を 2008 年から 2012 年の間（第一約束期間）に，1990 年と比較して少なくとも 5% 削減することとした。数値目標には各国ごとの事情に応じて差が設けられており，日本は 6% 削減することが求められている。

1.2.2 オゾン層の破壊

オゾンは，酸素原子 3 個からなる酸化作用の強い気体である。地上から 10～50 km 上空の成層圏では，紫外線の働きにより酸素分子からオゾンが生成されており，密度の高い層をなしている。これを**オゾン層**（ozone layer）と呼ぶ。オゾン層は，太陽からの有害な波長の紫外線の多くを吸収し，地上の生態系を保護する役割を果たし，いわば宇宙服のような役割を果たしている。

1980 年代に，南極上空のオゾン層に穴があいたように見える**オゾンホール**（ozone hole，**図 *1.3*** の真ん中の部分）が発見された（コロナ社 Web ページ本書のページに掲載のカラー図を参照）。その原因として考えられているのが，フロンなどから発生した塩素や臭素によるオゾン層の破壊である（**図 *1.4***）。フロンは 1928 年に冷蔵庫の冷媒として発明された塩素，炭素，フッ素からな

1.2 地球環境問題　7

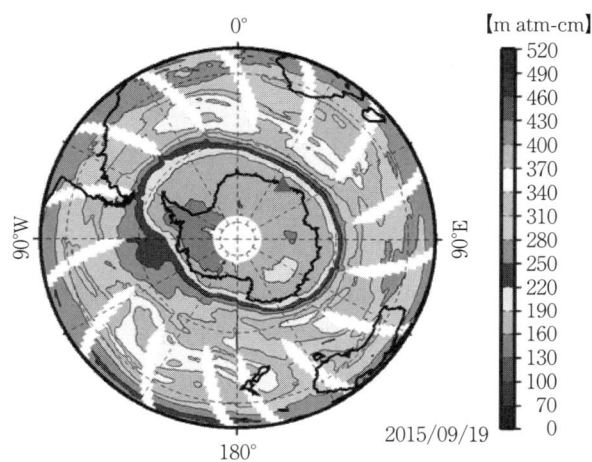

米国航空宇宙局（NASA）の衛星観測データを基に作成　気象庁

図 1.3 南半球のオゾン全量分布（気象庁ホームページより転載）

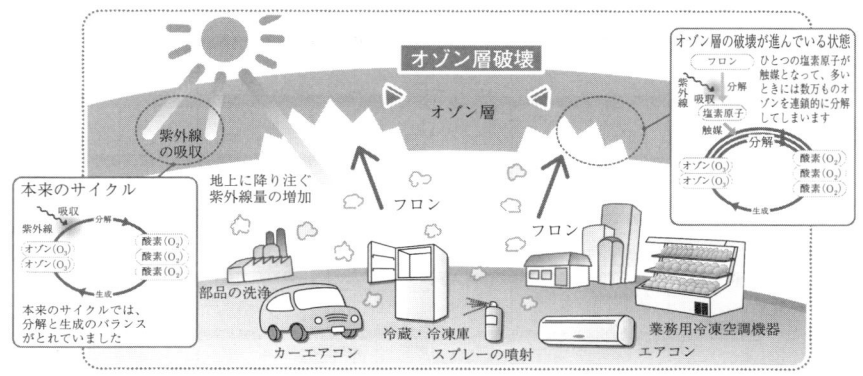

図 1.4 オゾン層の破壊（環境省パンフレット「オゾン層を守ろう」2015 年版より転載）

る人工物質で，その安定性の高さから冷媒，発泡剤，洗浄剤などに広く使われていたが，これが大気中に放出されると，長い時間をかけて成層圏に到達し，オゾン層を破壊させることが判明した．オゾン層の破壊は低緯度では影響が少ないものの，ほぼ全地球的に進行が確認されている．オゾン層が破壊されると，地表に到達する有害な紫外線の量が増加し，皮膚がんや白内障の増加と

いった人の健康や生態系への影響が懸念される。

1974年カリフォルニア大学ローランド教授によってフロンによるオゾン層の減少と人類生態系に与える影響が指摘されたことを受け，1985年にオゾン層の保護を目的とする国際協力のための基本的枠組を設定する**オゾン層の保護のためのウィーン条約**（Vienna Convention for the Protection of the Ozone Layer）が，1987年には国際的にフロンなどの生産，削減を義務づけた**モントリオール議定書**（Montreal Protocol on Substances that Deplete the Ozone Layer）がそれぞれ採択された。これにより，締約国では1995年末でフロン（CFC）の生産が全廃されることとなった（**図1.5**）。わが国においても，1988年オゾン層保護法，2001年フロン回収・破壊法（2015年よりフロン排出抑制法に改正）が制定されたことなどにより，特定フロンの生産全廃，フロン類の放出抑制や回収などが義務づけられている。

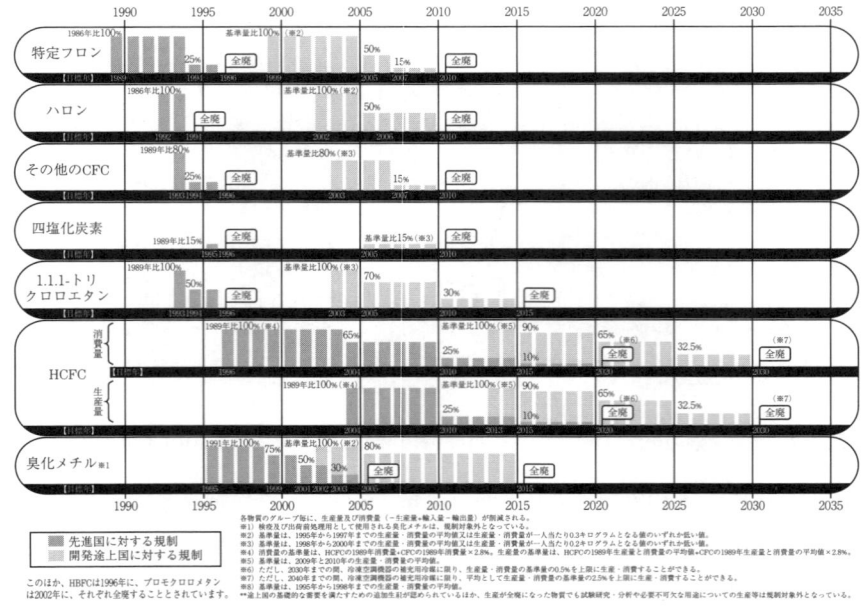

図1.5 モントリオール議定書に基づくオゾン層破壊物質削減スケジュール（環境省ホームページより転載）

1.2.3 酸 性 雨

酸性雨（acid rain）とは，大気汚染により降る酸性の雨のことで，通常 pH5.6 以下となったものを指す。同様に酸性の雪に対しては酸性雪，酸性の霧は酸性霧と呼ぶ。

酸性雨の原因は化石燃料の燃焼や火山活動などにより発生する硫黄酸化物（SOx）や窒素肥料および熱，燃料由来の窒素酸化物（NOx），塩化水素（HCl）などである。これらが大気中の水や酸素と反応することによって硫酸や硝酸，塩酸などの強酸が生じ，雨を通常より強い酸性にする（**図 1.6**）。

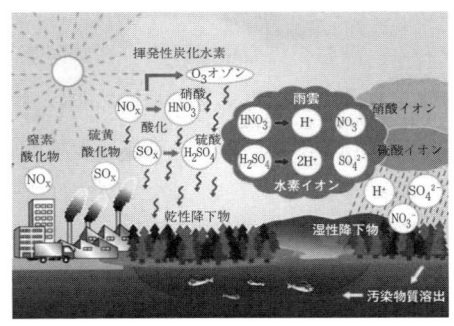

図 1.6 酸性雨の生成メカニズム（国立環境研究所ホームページより転載）

わが国における原因物質の発生源としては，産業活動に伴うものだけでなく火山活動（三宅島，桜島）なども考えられる他，ユーラシア大陸から偏西風に乗ってかなり広域に拡散・移動してくるものもあり，特に日本海側では多く観測されている。国立環境研究所の調査では日本で観測される SOx のうち 49% が中国起源のものとされ，つづいて国内起源 21%，火山起源 13%，韓国起源 12% となっている。

酸性雨による影響としては，河川や湖沼の酸性化による魚類生態への影響，土壌の酸性化による植物の成育不良，歴史的な遺産である建造物や文化財への被害などが挙げられる。特に被害が大きいのはヨーロッパや北アメリカで，ドイツのシュバルツバルト（黒い森）における針葉樹の大規模な枯死についても，酸性雨の影響が指摘されている。

酸性雨の原因物質は気流などにより発生源から遠く離れた地点にまで運ば

れ，そこで降雨に溶けて酸性雨として観測されることが多い。このことから国境を越えた国際的な取組みが必要となる。

酸性雨に関する最初の国際的な取組みとしては，ノルウェーが提案した**長距離越境大気汚染条約**（Convention on Long-rage Transboundary Air Pollution Vienna Treaties）がある。1979年に締結され1983年に発効した。この条約を基に，酸性雨の原因物質である硫黄酸化物と窒素酸化物を削減するため，ヘルシンキ議定書（1985年）とソフィア議定書（1988年）が締結された。

北アメリカではヨーロッパに比べて酸性雨問題への対応が遅れていたが，1980年にアメリカで酸性降下物法が定められ，同年にアメリカ–カナダ間で越境大気汚染に関する合意覚書を交わし，調整委員会を設けることに同意した。

日本も総合的なモニタリングを実施する一方，東アジア地域における酸性雨の現状やその影響を解明するとともに，この問題に対する地域協力体制の確立を目的として，東アジア酸性雨モニタリングネットワーク（EANET）を提唱し，10ヵ国が参加して1998年4月から試行稼働が実施され，政府間合意を経て，2001年1月から本格稼動（13ヵ国が参加）している。

1.2.4 森林の減少

いまから約1万年前，日本がまだ縄文時代であったころは，世界の森林面積は62億haであったと考えられている。現在，世界の森林面積は約40億haとなっている。これは，陸地面積の約3割に相当（**図1.7**）し，このうち95%が天然林，5%が植林（人工林）である。

森林は「生物種の宝庫」といわれており，特に熱帯林は地球全体の3.6%にすぎないにもかかわらず，地球上の生物種の5〜9割が生息しているといわれている。この他，森林は，木材や医薬品の原料などの供給源であるとともに，洪水の緩和や水資源の貯留，水質浄化のはたらきをもつ水源かん養，土壌保全，さらには二酸化炭素の吸収・固定などの環境調整機能を有するなど，地球環境の維持に大きな役割を果たしている。

この貴重な森林が，熱帯林を中心に急速に失われつつある。こうした**森林減**

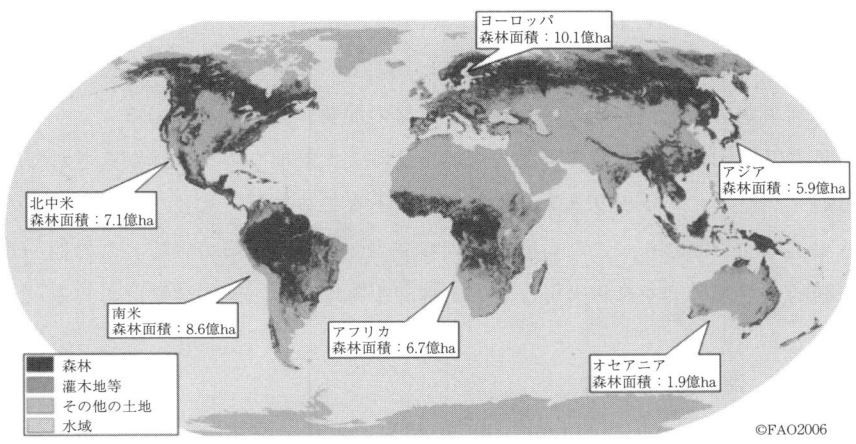

注：地域分類は、経済的又は政治区分によらず、地理的区分による。
資料：Foodand Agriculture Organization of the United Nations「Global Forest Resources Assessment 2010: progress towards sustainable forest management（世界森林資源評価2010）」

図 1.7 世界の森林分布（農林水産省ホームページより転載）

少（forest decline）は同時に種の絶滅につながるということを意味する。保全生物学者ノーマン・マイヤーズは，『沈みゆく箱舟』（1981 年）の中で，恐竜時代には 1 000 年で 1 種だった種の絶滅が，現代では毎年 4 万種が絶滅するに至っていると推定している。

　森林が失われた第一の理由は，「人口増加と貧困に伴う森林の農地・牧草地化」である。20 世紀後半，熱帯地域の開発途上国では爆発的に人口が増大したが，貧困のため急増する人口を養うだけの食料を輸入する余裕がなく，食料の増産が森林の開墾によって行われ，多くの森林が農地や牧草地に変えられた。これが森林減少の最大の原因といわれている。バイオ燃料の需要の増加により，大規模に森林を伐採して，パームオイルのプランテーションやトウモロコシ，大豆などの農地への転用も，森林減少の一因となっている。

　第二の理由は「人口増加に伴う薪炭材利用の増加」である。日本ではガスや電気が当たり前のように供給されているが，世界の木材需要の約半分は燃料としての利用となっている。特にアフリカや中南米の熱帯地域では，調理などの燃料として，おもに木質燃料（薪や炭）が使われており，森林減少の大きな原

因となっている。これらの地域では人口の急増と貧困のため，安価な薪炭材（薪や炭のための木材）の需要がますます高まっている。一方で，熱効率の悪い調理用かまどが使われていることも木材の浪費につながっている。

最近では，バイオ燃料の需要の増加を受けて大規模な森林伐採がなされている他，パームオイルのプランテーションやトウモロコシ，大豆などの農地への転用も増加しており，これらもまた森林減少の一因となっている。この他，非伝統的な焼畑農業や森林火災なども森林減少を増長する要因に挙げられる。

1.2.5 海洋汚染

海洋汚染（oceanic pollution）は，河川などを経た陸地からの汚染物質の流入，大気からの汚染物質の降下，船舶事故や石油などの海底資源の開発に伴う油の流出，廃棄物の海洋投棄といったさまざまな人為的要因により進行する。特に，都市排水の流入などの栄養塩の過剰供給による沿岸海域の富栄養化，重金属や有害化学物質の海洋生物への体内取込みと食物連鎖による生物濃縮の進行，廃プラスチック類や漁具などの漂着ごみによる汚染が問題となっている。これらの海洋汚染の原因は「陸上起因の汚染」が地球全体の7割を占めるといわれている。

海洋汚染の影響は，単に汚染物質が海洋に流れ込んで水質・底質を悪化させるにとどまらない。漁業・鉱物資源など海洋資源の枯渇，沿岸部の美観喪失，海岸侵食，海洋生態系への影響，衛生や親水性といった人と海洋との利用関係への悪影響といったことも，広い意味で海洋汚染がもたらす影響であるといえる。

また，船舶の衝突，座礁事故による大規模な油流出事故が発生した場合，その被害は計り知れず大きなものとなり，漁業，工業，船舶航行といった経済的な活動だけでなく，海洋の環境や生態系に深刻な影響をもたらす。1997年1月に島根県隠岐島沖において発生したロシア船籍のタンカー「ナホトカ号」による油流出事故では，6 240キロリットルもの重油が流出し，北陸地方の沿岸の漁業や観光産業などに甚大な被害をもたらした（**図1.8**）。

1.2 地球環境問題

図1.8 ロシア船籍ナホトカ号海難・流出油災害（1997年1月）
（三国町消防本部（現 嶺北消防組合本部より提供））

　当初，海洋汚染に対する国際的な取組みがなされたのはこうした「船舶からの海洋汚染」の問題に対してであったが，今日，海洋環境保全に関し最も包括的な規定があるのは，1994年に制定された「海洋法に関する国際連合条約」（通称「国連海洋法条約」）である．この条約では，海洋を汚染する多様な汚染源を**表1.2**の六つに分類し，海洋環境の汚染の防止・軽減・規制のための国内法令制定義務を締約国に課すとともに，船舶の旗国・沿岸国・寄港国の間の立法，執行管轄権の配分を定めている．

　この他，個別の条約としては廃棄物の海洋投棄および洋上焼却を規制するための「廃棄物その他の物の投棄による海洋汚染の防止に関する条約」（通称ロ

表1.2　「国連海洋法条約」による海洋汚染の原因

条　目	内　　　容
第207条	陸にある発生源からの汚染
第208条	国の管轄の下で行う海底における活動からの汚染
第209条	深海底における活動からの汚染
第210条	投棄による汚染
第211条	船舶からの汚染
第212条	大気からの又は大気を通ずる汚染

（国連海洋法条約第5節「海洋環境の汚染を防止し，軽減し及び規制するための国際的規則及び国内法」より抜粋）

ンドン条約，1975年発効）の他，大規模な油汚染事件が発生したときの防災および環境保全に関する各国の対応，国際協力などを定めた「油による汚染に係る準備，対応及び強力に関する国際条約」（通称 **OPRC条約**，1995年発効）などがある。

1.2.6 有害廃棄物の越境移動

有害廃棄物の越境移動（transboundary movements of hazardous wastes）とは，廃棄物が国境を越えて発生国以外に運ばれることをいい，特に1980年代後半以降，先進国から開発途上国へ有害廃棄物を輸出する事例が増加したことにより，地球的規模での国際問題として認識されるようになった。OECD（経済協力開発機構）によると，廃棄物の越境問題が生じる原因は，**表1.3**に示す九つに分類される。

表1.3 有害廃棄物越境移動が生じる原因

① 発生国においてその処理費用が値上がりすること
② 発生国において廃棄物の処分容量が減少すること
③ 発生国において陸上処分し，将来環境汚染が生じた場合には多額の被害補償が必要な可能性があること
④ 発生国において有機溶剤など特定の廃棄物の処理に関する規制が強化されること
⑤ 発生国において排出事業者による廃棄物の発生場所での処理に関する規制が強化されること
⑥ 発生国において経済成長により廃棄物の発生量が増大すること
⑦ 受入国において複数の国が利用できる処理施設が存在すること
⑧ 発生国においては最終処分されてしまう廃棄物から有価物を回収するため，取り引きされる国際市場が存在すること
⑨ 発生国よりも，他国の処理施設が近くにあること

（OECDレポート（1989年）を基に作成）

有害廃棄物の越境移動が行われる理由としては，廃棄物の発生国における処理コストの上昇や処分容量の不足などが指摘されており，移動先において廃棄物が適切に処理・処分されない場合が多いことから，深刻な環境汚染につながるといわれている。

こうした国境を越えた地球的規模での有害廃棄物の移動に伴い，受入国にお

いて適切な処分がなされない事例のきっかけとなったのが，セベソ事件である。この事件は1976年にイタリアのセベソの農薬工場で起きた爆発事故により生じた汚染土壌がドラム缶に封入・保管されていたところ，1982年に国外に持ち出されて行方不明となり，その8ヶ月後に北フランスの小さな村で発見されたという出来事である。こうした事態を受け，国連環境計画（UNEP）では地球的規模での取組みが必要との判断から検討を重ね，1989年，有害廃棄物の国境を越える移動およびその処分の規制に関する**バーゼル条約**（Basel Convention on the Control of Transboundary Movements of Hazardous Wastes and Their Disposal）が採択された（**表1.4**）。

表1.4 バーゼル条約および国内法成立の経緯[6]

時　期	内　　容
1980年代	先進国から環境規制の緩い発展途上国への不適正な輸出が多発 UNEP（国連環境計画）を中心に国際的なルールづくり。セベソ事件（1982年）
1989年3月	「有害廃棄物の国境を越える移動及びその処分の規制に関するバーゼル条約」が採択
1992年5月	バーゼル条約が発効
1992年6月	バーゼル法案が閣議決定。第123回通常国会に提出されるが継続審議となる。
1992年12月	第125回臨時国会でバーゼル法が成立。12月16日に公布

バーゼル条約は，有害廃棄物の国境を越えての移動を適切に管理することにより，受入国，特に途上国における環境汚染を未然に防止することに目的がある。そのため，本条約では**表1.5**に示す事項が定められている。

表1.5 バーゼル条約が定める事項

① 発生国における国内処理の原則
② 輸出前に輸入国及び通過国へ通告し同意を必要とする事前通報制度
③ 移動開始から処分完了までの責任の所在を明確にし，不適正な処理が生じた場合の輸出者の責任の確保
④ 越境移動が契約どおり終了しなかった場合の輸出国の責任の確保

日本も地球環境の保全に貢献するため，この条約に加盟するとともに，その国内対応法である「特定有害廃棄物等の輸出入等の規制に関する法律」，いわゆるバーゼル法を制定している。

1.2.7 開発途上国における環境問題

開発途上国のうち工業化が進んでいる国では，先進工業国を上回る程度の大気汚染や水質汚濁が発生しており，しかも，将来的に悪化する傾向にあるとい

コーヒーブレイク

地球の成り立ち

46億年前に誕生した地球で，生物は35億年前の原始海洋で誕生したといわれている。これらの生物は当初深い海の中で地球内部のエネルギーを利用する嫌気性の生物で，酸素を用いない無酸素呼吸をしていた。およそ32億年前に海面近くまで上昇し，太陽エネルギーを利用して光合成をする藍藻（シアノバクテリア）が現れ，海中に酸素を供給した。これに伴い好気性の生物も増え，多細胞生物は多様化していった。また，酸素は水中から大気へと大量に出ていったので，大気中の酸素濃度が上昇し，上空にはオゾン層が形成された。紫外線はDNAを損傷するので生物にとって有害であるが，オゾン層により地上に到達する紫外線が減少し，生物が陸上に進出できるようになった。そして陸上に進出した生物により土壌が生成され始めた。そして生物の多様化，生物の大量絶滅，大陸移動，氷河期を繰り返し，現在の地球システムを維持する仕組みが整えられていった。このようにして環境と生物は，作用と反作用によってたがいに大きく変化させ現在の環境をつくり上げてきたのである。しかし，人類が誕生し，産業革命を経て，温暖化，オゾン層の破壊，熱帯林の減少や砂漠化など地球環境問題にみられるように，地球システムが急激に変化してきている。

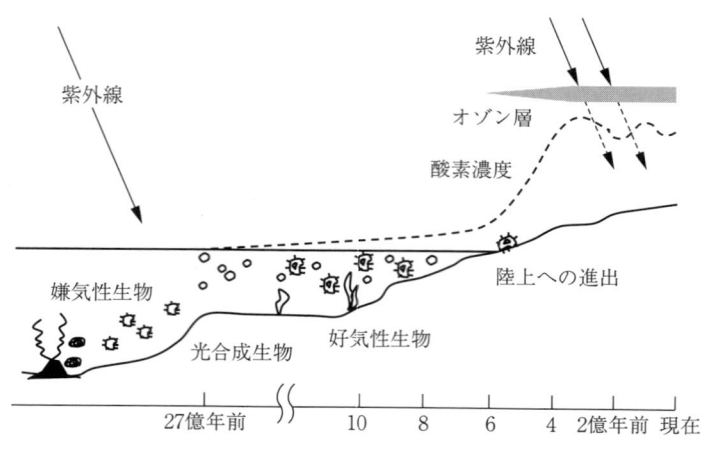

われている。また，それ以外の国でも，環境資源の不適切な管理により森林減少や砂漠化などの問題が深刻化している。開発途上国における環境問題の構造を図 *1.9* に示す。

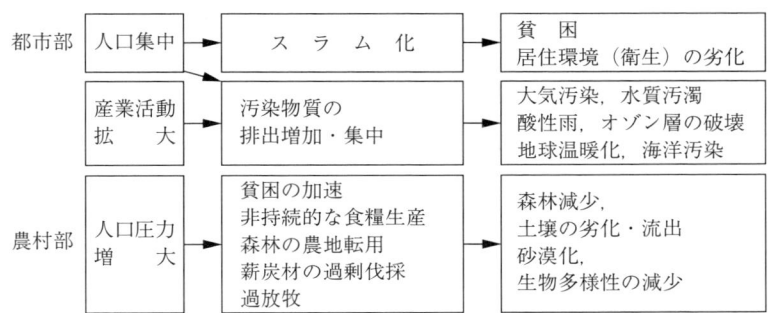

図 *1.9* 開発途上国における環境問題の構造

開発途上国における環境問題が深刻化する理由として，ごみ処理施設，上下水道などの社会基盤や法制度の不備などが挙げられるが，多くの開発途上国では資金，人材，技術，経験などが不足しているため，その解決には国際機関や先進国の協力が必要となっている。

演 習 問 題

【1】 地球温暖化は，水問題にどのように影響するか述べよ。

【2】 地球温暖化対策については，先進国における温室効果ガスの排出削減について数値目標などを定めた文書が，「京都議定書」として採択され，平成17年2月に発効された。温室効果ガスを削減するための課題およびあなたが有効と考える対策について説明せよ。

【3】 つぎの説明文の（　）に当てはまる語句を答えよ。
　・環境問題とは，人間社会が自然環境にさまざまな変化を与え，(①)人間や社会に悪影響をもたらす現象である。
　・地球環境問題とは，(②)の将来にとって大きな脅威となる(③)の環境問題である。

1. 地球環境問題

- 個々の環境問題は(④)や(⑤)を通じて(⑥)に関係をもっている。
- 地球温暖化とは，大気中の(⑦)の濃度が高くなることにより，地球の温度が上昇することをいう。(⑦)のうち，(⑧)は大気中の濃度や排出量が多いため，地球温暖化への影響が最も大きい。

【4】(1)〜(7)の説明分が示す地球環境問題を記し，関連用語を下の選択肢から選んで**表1.6**を完成させよ。

表1.6 問題【4】の表

	項　　目	地球環境問題	関連用語
例	地球の平均気温の上昇	地球温暖化	温室効果ガス
(1)	海洋生物に悪影響を与える		
(2)	生息環境の悪化，天敵生物・病気の持込みによる生態系への悪影響		
(3)	土地生産力が著しく低下する現象		
(4)	NOx，SOx などの大気汚染物質が原因		
(5)	森林の機能が失われる		
(6)	処分費の高い国から安い国へ		
(7)	経済発展を優先した開発		

関連する用語

バーゼル条約，農地の塩害，1・2・3ルール，アルミニウムの溶出，生態系サービス，環境負荷の大きな産業，タンカーの廃油，温室効果ガス，雨水の貯留，UVインデックス，ODA

2

環境生態工学の基礎

　環境生態工学は，生態学と工学の学際的領域をなす総合的な学問であり，環境保全に携わる技術者は，工学的な知識や技術だけでなく，人間とそれを取り巻く生物や環境との関係について理解しておく必要がある。本章では，環境生態工学を学ぶ上で必要な生態学の基本用語や基礎知識について学習する。

2.1　生態系の概念

　近年，地球環境や自然環境問題に関する新聞やテレビ報道の中で，「生態系」という言葉がたびたび聞かれる。しかし，この言葉を聞いてイメージするものはおそらく人によって異なるのではないだろうか。ある人は漠然と何種類もの生き物の集まりを思い浮かべるかもしれないし，ある人はサバンナに棲む野生動物の「食う―食われる」の関係を思い浮かべるかもしれない。また，ある人は身近な里山の風景を思い浮かべるかもしれない。これらのいずれもが，生態学の用語としての生態系の一面を示しているが，なにをもって「生態系」というかは非常に難しい問題である。

　生物と環境の関係に着目し，最初に**生態系**（ecosystem あるいは ecological system）という概念を提唱したのはイギリスの生態学者タンズリー（A.G. Tansley）であった。1935年のことである。彼は自然を理解するにあたって，「生物の集団（生態系の生物的要素）とその周辺の非生物的な環境（生態系の非生物的要素）の**相互作用**（interaction）から構成される機能的なシステム」

として認識する必要性を訴えた。

このうち生態系の構成要素の中心である**生物**（organisms）は，生命現象を営むものであり，その特徴としては，子孫を残すために，遺伝と代謝の関与する自己増殖能力があること，摂取した外部エネルギーを自分たちの都合のよいものに変えるエネルギー変換能力があること，生体内外の環境が変化しても状態を一定に保つ恒常性（これを**ホメオスタシス**（homeostasis）という）を有することが挙げられる。なお，生態学では地球上の動植物や菌類だけでなく，われわれ人間も生態系の生物的要素の構成員に含まれることを忘れてはならない。

生態系の非生物的要素には，**表2.1**に示すように光，温度，水，大気，土壌，地形といった無機的（非生物的）なものが挙げられる。これらの**環境要因**（environmental factor）は，生物が活動するために必要なものである。一般に一つの生物に影響を及ぼす環境要因は多数ある。他の要因はそれほど影響しないにもかかわらず，ある一つの要因の過小過多がその生物の生存や増殖に決定的な影響を及ぼす場合，この要因を特に**制限要因**（limited factor）と呼んでいる。ある環境要因が過少の場合，それが制限要因になることは当然であるが，過多の場合でも制限要因になることがある。

両者は生態系を構成する上で等しく重要であり，たがいに密接に関係してい

表2.1 環境要因（非生物的要素）[3]

分　類	項　　　目
光　要　因	太陽光の量，質など。植物の光合成や，動物の光周期性・走光性に関係する。水生植物や藻類では制限要因となることが多い。
温度要因	気温，水温，地温，火など。一般に生物の生存可能な温度の範囲は0～45℃。
大気要因	気体組成（O_2，CO_2，N_2，火山性気体など），風，気圧，雲，水蒸気，浮遊塵など。
水　要　因	降水，湿度，蒸散，雪，氷，波，溶存物，潮の干満など。水はすべての生物にとって生理的に必要なものであり，これの少ないところ，変動の激しいところでは制限要因になりやすい。
土壌要因	粒度，粘性，塩類濃度など。植物にとって最も重要である。水界生態系においても底質が制限要因になることがある。
地形要因	地形，傾斜など。
そ の 他	圧力，重力，磁力，放射線，宇宙線，人工生成物など。

る。生物は生息する環境の中で，さまざまな環境要因から制約を受けている。これを**作用**（action，**環境作用**）という。一方，環境要因もまた生物の活動によって絶えず変化している。これを**反作用**（reaction，**環境形成作用**）という。また生物間どうしの競争や共生関係を**相互作用**（species interaction）という（2.5.2項参照）。これらの関係について，図2.1に示すような金魚鉢の中の世界を例に考えてみよう。エネルギー源としての太陽光や，栄養塩として水中の炭酸，窒素やリンは，金魚の成長や水草の生育に影響を及ぼしている。また，温度や水圧，pHなどについても，これら生物の成長・生育を支配している。このような事象は，環境要因が生物に働きかける作用とみなすことができる。一方，水草の繁茂による水中の炭酸や栄養塩の減少，pHやDO（溶存酸素）の上昇，金魚からの排泄が水質に与える影響は，生物が環境に与える反作用（環境形成作用）の例である。実際には，複数の生物種による光や栄養塩をめぐっての競争が行われている他，生物間の相互作用が働いており，金魚鉢という閉じられた世界であっても，その生態系の中には作用・反作用・相互作用によって複雑なエネルギーの流れと物質の循環がつくり出されている。

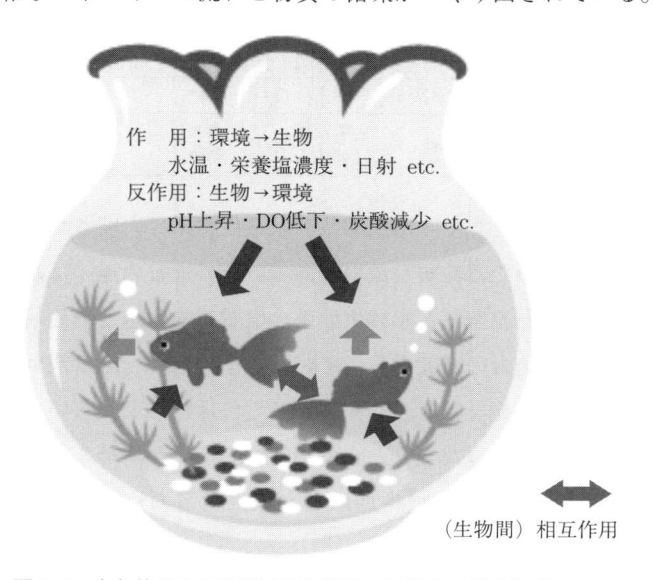

作　用：環境→生物
　　　　水温・栄養塩濃度・日射 etc.
反作用：生物→環境
　　　　pH上昇・DO低下・炭酸減少 etc.

（生物間）相互作用

図2.1　金魚鉢の中の世界に見る作用・反作用・相互作用

2.2 生態系の種類と分布

生態系のスケールは実に多様である。全球スケールで考えることもあれば，複数もしくは一つの流域，森林，河川，水田を対象にすることもある。あるいは，一つの水槽を対象にする場合もある。

地球上の生態系を区分すると**表2.2**に示すとおり，大きく分けて自然生態系，人間活動域の生態系，その他の生態系となる。自然生態系は，もともとこの地球上に成り立つ生態系のことをいう。人間活動域での生態系は，里山・里海という言葉に代表されるような人間活動に伴って自然生態系が改変されてできたものである。最近では，制御実験生態系（マイクロコズム）やビオトープなど人工的に生態系をつくり出す動きもみられる。

表2.2 生態系の区分[2]

区　分		対　象
自然生態系	陸　域	森林，草原，ツンドラ，砂漠
	水　域	【淡水】 湖沼，河川
		【海水】 海洋，沿岸，干潟，サンゴ
人間活動域での生態系		都市，農村，漁村
人工生態系・その他		宇宙船，バイオスフェアⅡ，マイクロコズム，ビオトープ，水槽

自然生態系は主として陸域生態系と水域生態系に大別される。陸域と水域は生物にとってまったく異質な環境である。その一番の違いは媒質にある。陸域生態系の媒質である空気と水域生態系の媒質である水とを比較すると，まず水は空気の約800倍もの密度をもっている。そのため，水は空気よりもはるかに粘性が高く，また光を吸収しやすい。さらには比熱が大きいので温度変化が緩やかである。このような空気と水の諸特性の違いが，そこに棲む生物の性質に大きく影響している。陸域生態系と水域生態系の特徴を比較すると，**表2.3**のようになる。

2.2 生態系の種類と分布

表2.3 陸域生態系と水域生態系の比較[3]

項　目	陸　域　生　態　系	水　域　生　態　系
媒　質	大気と土壌（土壌水を含む）	水（海水，淡水，温泉など）
太陽エネルギーの入力（日射）	大気層での光の減衰率は小さい。土壌中に光は入らない。	光の減衰率が大きい（透明な水でも100 mで99％吸収）
温度変化	気温の変化幅は大（比熱小）土壌温度の変化幅は小	気温の変化幅は小（比熱大）
粘　性	大気中の粘性は小さいが，ときに強風となる。砂漠以外では，土壌の移動は少ない。	粘性が大きく，海流や河川流となってモノを押し流す。
酸　素　O_2	大気中の約21％	溶存量は場所によって大きく変化。湾奥部などでは欠乏しやすい。
二酸化炭素 CO_2	大気中の0.03〜0.04％	溶存量は大きい（炭酸イオンや重炭酸イオンとして存在）
生物数の比較	固着生物 ＞ 移動生物	固着生物 ＜ 移動生物（浮遊生物）
現存量の比較	多細胞生物 ＞ 単細胞生物 大型生物 ＞ 小型生物 植物 ＞ 動物	多細胞生物 ＜ 単細胞生物 大型生物 ＜ 小型生物 植物 ＜ 動物
現存量当りの生産量	小さい	大きい

　陸域生態系では，温度，水，土壌といった環境要因が制限要因となる。特に温度と水が重要であり，気温と降水量といった気候要素に深く関係する。そこで，優占する植物の見た目のありさま（相観）を気候帯に対応させて生態系を区分したものが，**バイオーム**（biome, **生物群系**ともいう）である（**図2.2**）。熱帯および亜熱帯では，雨の多い順に，熱帯多雨林，熱帯季節林，棘性高木林，棘性低木林，が出現し，年降水量500 mm以下の地域では砂漠となる。温帯では，同様に温帯多雨林，温帯常緑林，温帯落葉樹林，温帯草原（ステップ，サバンナ）となっている。このように，生態分布は気温と降水量の気候要素によって決まるものであるが，地域的には地形や地質の影響も受けている。その一方で，農地や市街地開発，植林などの人為的な影響によって，地域を特徴づけるバイオームに当たる植生がほとんど残されていない地域も珍しくはない。

図2.2 バイオーム[7)]

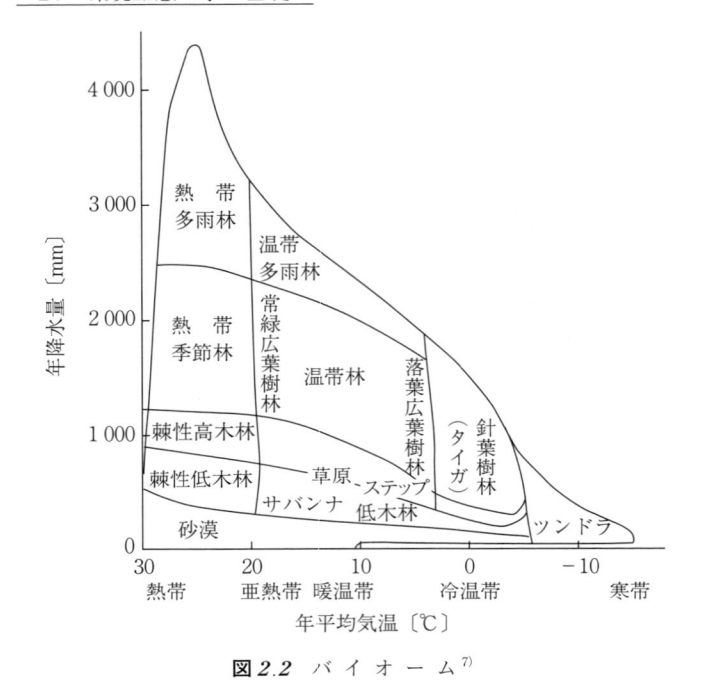

図2.3に世界の植生分布を示す。陸上で最も一次生産性（3章 参照）が高い生態系である熱帯多雨林は熱帯域に広く分布している。暖温帯域の常緑広葉樹林（照葉樹林）では厚くて硬い葉をもつ寿命が1年以上の常緑樹が見られる。温帯域でも海洋の影響を受けて降水量の多いところでは温帯降雨林が発達する。年間を通じて湿っているため，樹枝には大気中から直接水分を取り込んで自生する着生植物が多く見られる。少し寒冷な冷温帯域では，秋に紅葉したのち冬に葉を落として寒冷期を乗り越える落葉広葉樹林が発達している。亜寒帯域には，タイガと呼ばれる針葉樹林帯が見られるが，カナダや北欧では常緑針葉樹林が見られるのに対し，より寒さの厳しいシベリアでは落葉針葉樹林となっている。さらに寒冷な地域にはツンドラが広がっている。一方，降水量が少なくなると，乾燥に適応した植物群落が発達している。

気温の低下は緯度が高くなるだけでなく，高度が高くなることによっても起こる。そのため，標高が高くなる地域では，緯度が高くなるのと同じような相

2.2 生態系の種類と分布　25

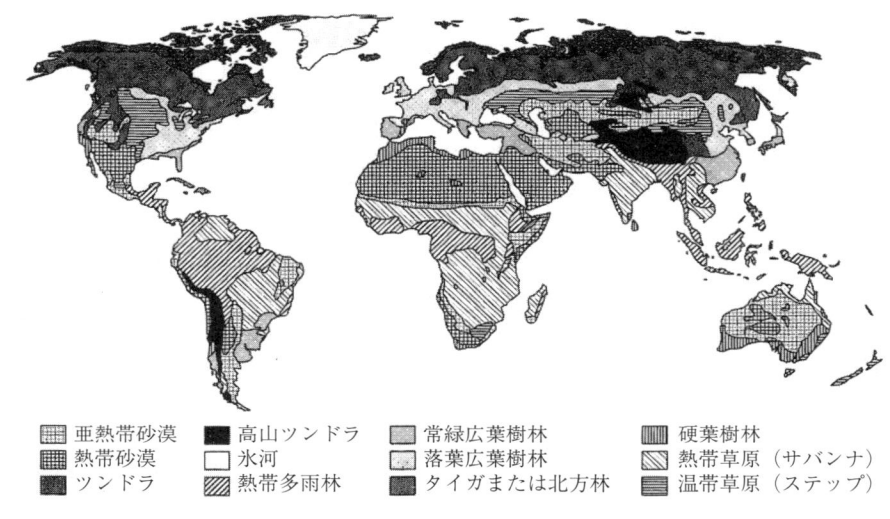

凡例：
- 亜熱帯砂漠
- 高山ツンドラ
- 常緑広葉樹林
- 硬葉樹林
- 熱帯砂漠
- 氷河
- 落葉広葉樹林
- 熱帯草原（サバンナ）
- ツンドラ
- 熱帯多雨林
- タイガまたは北方林
- 温帯草原（ステップ）

図 2.3 世界の植生分布（原口　昭 編著：生態学入門　生態系を理解する（第2版），p.72, 生物研究社（2015）より転載）

観の変化を見ることができる。

　一方，南北に弧状に細長く伸びる日本列島では，降水量は極端に多くも少なくもなく制限要因にはなっていないが，気温が南北で大きく異なり生態分布の決め手となっている（**図 2.4**）。最も暖かい南西諸島では亜熱帯林が見られる。九州から本州中部に至る地域にはシイやカシが優占する常緑広葉樹林（照葉樹林）が広がっている。本州中部以北，北海道の渡島半島まではブナに代表される落葉広葉樹林（夏緑樹林）が発達する。北海道から千島列島にかけては，広葉樹と針葉樹が混交した針広混交林や針葉樹林が見られる。

　また，九州の屋久島や本州中部の日本アルプスなどでは，上述した緯度方向の相観の変化が，標高に応じて見られる（**図 2.5**）。すなわち，低地帯には常緑広葉樹林が，山地帯には落葉広葉樹林が，亜高山帯には針葉樹林や針広混交林が分布する。高山帯では，ツンドラに類似した草原や低木群集も見られる。なお，亜高山帯から高山帯に変わる地点は，高木が生育できなくなる限界高度であり，これを**森林限界**（forest limit）と呼ぶ。

26　　2. 環境生態工学の基礎

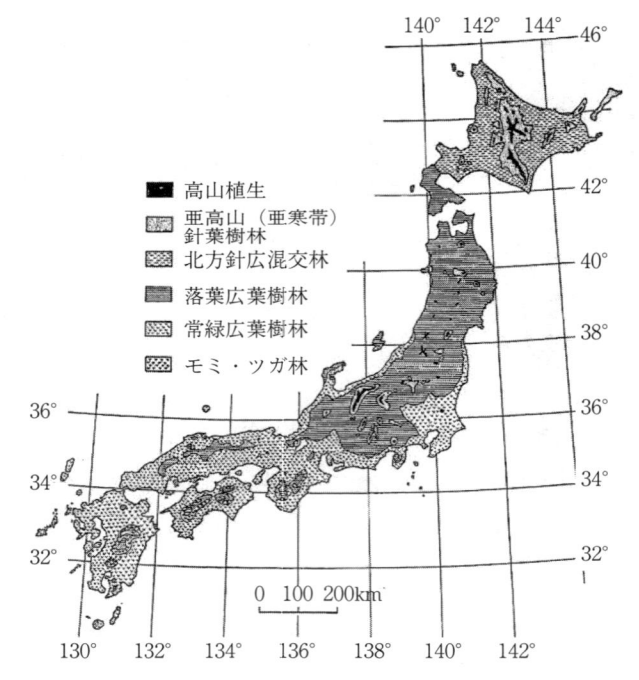

図2.4 日本の植生分布（吉岡邦二：植物地理学，生態学講座12，p.73，共立出版（1973）より転載）

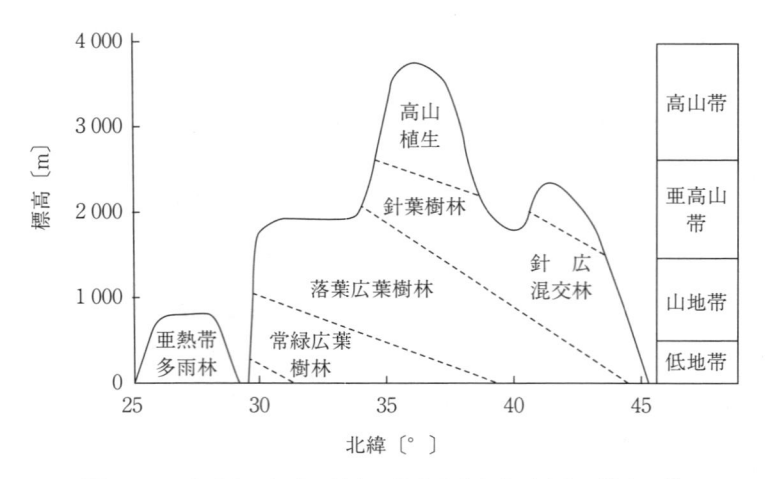

図2.5 日本列島における植生の鉛直分布と水平分布の模式図[4]

2.3 生態系機能と生態系サービス

　生態系は，そこに生息する生物群集と物理的な環境の相互作用から構成される複雑なシステムであり，エネルギーや物質の固定，生物体の再生産，物質の生産・循環・分解を基本として成立している。例えば，植物は太陽からの光を受け，空気中の二酸化炭素を吸収して有機物をつくり，土の中の水や栄養を吸い上げ，多くの水を大気に返し，枯葉や枯れ枝を落として土壌をつくる。また，動物は他の動物や植物を食べ，排泄物を出す。微生物は動物の遺骸や排泄物，植物の枯葉や枯れ枝などの有機物を分解する。これら個々の生き物の作用は小さくても，それがまとまれば環境に大きな影響を与える。生態系の中での生物と環境との相互作用を生態系の働きとしてとらえ，これを**生態系機能**（ecosystem function）と呼ぶ。

　生態系機能を私たち人間が資源として利用・享受するとき，その価値の総体を**生態系サービス**（ecosystem goods and services）と呼んでいる。生態系サービスは，生態系機能を通じて直接的，間接的に私たち人間にもたらされる物質的，精神的なあらゆるサービスを指し，大きく以下の四つに分類される。**支持サービス**（supporting service，**基盤サービス**ともいう）は土壌の形成，植物による一次生産，養分循環などで，他の生態系基盤を支えるものである。**供給サービス**（provisioning services）は，食糧や水など生態系が生産するものである。**調整サービス**（regulating services）は，生態系のプロセスの制御により得られる利益で，気候制御や自然災害からの保護といったものが挙げられる。**文化的サービス**（cultural services）とは，生態系から得られる非物質的利益のことで，風景に感じる安らぎ，宗教や文化の精神的な背景といったものである。これら生態系サービスの具体例を**表2.4**に示す。

　この地球に生きる人々の福利（利益と幸福）を維持・向上するためには，現在と将来にわたり，これらのサービスが失われないように，生態系を適切に保全しつつ，持続可能な形で利用しなければならない。

表2.4 生態系サービスの具体例

分類	生態系サービス	具体例
支持サービス（基盤サービス）	土壌の形成	岩を風化させ，有機物を供給して土をつくる。
	栄養塩循環	植物や土壌中の細菌が空気中の窒素を固定して，生物が利用できる形にする。
	廃棄物の処理	微生物が廃棄物を分解したり，無毒化したりする。
供給サービス	水資源の供給	川や湖沼などが水を供給する。
	食料の供給	魚，鳥獣，木の実や果物を供給する。
	素材の供給	木材を供給する。
調整サービス	大気成分の調整	植物の光合成・有機物の分解により二酸化炭素と酸素のバランスをとる。
	気候の調整	植物の光合成・有機物の分解により温室効果ガスである二酸化炭素の量を調整する。
	自然災害の緩衝	森林によって洪水被害が軽減される。
文化的サービス	レクリエーションの場の提供	登山，釣り，エコツーリズムなどの野外レクリエーションの場を提供する。
	文化的な価値の提供	環境学習や生涯教育など科学的・教育的価値を提供する。
	精神的・宗教的価値の提供	鎮守の森や霊場を訪れることで得られる精神的な癒し，審美的な喜びなどを提供する。

(国立環境研究所のWeb記事を参考に作成)

2.4 個体と個体群

　生物分類学では，生物を**動物界**（Animalia），**植物界**（Plantae），**菌界**（Fungi），**原生生物界**（Protista），**モネラ界**（Monera，**原核生物界**）の五つの**生物界**（Kingdom）に分けている（**表2.5**）。界の下には，下位分類段階として，**門**（PhylumまたはDivision），**綱**（Class），**目**（Order），**科**（Family），**属**（Genus），**種**（Species）の順となる。種の下には，さらに**亜種**（subspecies），**変種**（variety），**品種**（varietyまたはform）などが置かれる場合もあるが，生物の分類上の最小単位は種である。種は共通の形質（生物のもつ形態や生理・機能上の特徴）をもっていて，たがいによく似かよっており，生態系機能，特に生物間の相互関係を考える上で重要である。

2.4 個体と個体群

表2.5 生物の分類[2]

核による区分	細胞による区分	界	例
真核生物	多細胞	植物界	草本動物, 木本動物, ツル植物, コケ植物（苔類・蘚類）など
		動物界	哺乳類, 鳥類, は虫類, 両生類, 昆虫類, 甲殻類, クモ類など
		菌類界	キノコ類, カビ類など
	単細胞	原生生物界	細菌類, 原生動物など
原核生物	単細胞	モネラ界	細菌類, 藍藻類（シアノバクテリア）など

〔注〕 真核生物：膜に囲まれた核をもつ生物, 原核生物：膜に囲まれた核をもたない生物.

生態系を構成する生物は, 個体, 個体群, 群集といった階層構造をなしている. **個体**（individual）とは一つの生物で, ある地域における同じ種の個体が集まったものが**個体群**（population）である. さらに異なる種のいくつかの個体群が集まって**群集**（community, 植物の場合は**群落**）となる. これらは, 餌資源の獲得をめぐってたがいに影響を及ぼし合っている.

個体群には, その空間的配置や, 時間的な個体数の変化, あるいは構成個体の質的な変化などに応じて, つぎのような特徴を見出すことができる.

(1) 個体群には, 成長し個体数を増やしていく成長期, 一定の平衡を維持している安定期, そして出生し新たに加わる数よりも死亡数のほうが上回る衰退期などがある. このとき, 個体群の増減は, 出生率, 死亡率, 移出入率などで決まる.

(2) 個体群の構成メンバー間には普通, 有性生殖による遺伝子の交流がある. しかし, 無性生殖によって維持されている個体群もある. ある地域の個体群の遺伝的組成は, 他地域のそれとは多少異なっていることが多い.

(3) 個体群は環境の影響（作用）を受け, 長い間には環境の変化とともに遺伝子的組成が変化し, その構造や機能も変化する. 反対に, 個体群の環境に対する影響（反作用）も変化していく.

(4) 個体群には, それを構成している個体の齢（年齢, 月齢, 日齢などの

発育段階）の分布が安定しているときと変化するときがある。

なお，同種であっても，山，川，谷あるいは生活に不適な場所によって隔てられた地域に棲む個体どうしは，生活上の直接の関係はないので，別々の個体群に属するとみなす。これを**地域個体群**（local populations）という。

2.4.1 成長曲線

同種の生物の個体数が増えることを個体群の**成長**（growth）という。個体群は，食物や水分，生活空間といった生活資源の制約がなく，温度や湿度，空気などの無機的環境がその生物にとって好適であり，他種の影響も受けない理想的な条件下では，指数関数的に増加する。一方，生物には寿命があり，やがて死亡するので，その分だけ個体群の増殖の速さは減少することになる。しかし，理想的な環境の下ではつねに出生が死亡を上回っているので，全体の個体数が減ることはない。

いま，ある個体群の個体数を N とすると，個体数の増加速度 dN/dt は式 (2.1) で表される。

$$\frac{dN}{dt} = bN - \delta N = (b-\delta)N = rN \tag{2.1}$$

ここで，1個体の単位時間当りの増加率 r は，出生率 b から死亡率 δ を差し引くことで示される。生態学では，r を**内的自然増加率**（intrinsic rate of natural increase）という。この値は環境条件が恒常的で個体群の齢構成が安定しているときには一定となり，与えられた環境下におけるその種のとりうる増加率の最大値を示す。このように資源が十分にあり，増殖を妨げる要因がなく，移出入がないときの個体群の成長を**マルサス的成長**（Malthusian growth）という。

さて，式 (2.1) を時間で積分すると，時間 t における個体数 N_t は，式 (2.2) のようになる。

$$N_t = N_0 e^{rt} \tag{2.2}$$

ここで，N_0 は $t=0$ のときの個体数である。

式 (2.1)，(2.2) は理想な状態であるが，現実には個体数が増加すると餌やす

みかが減少したりして成長が抑制され，個体数の増加速度は低下していく。こうした個体群の成長（これを**ロジスティック成長**（logistic growth）という）に抑圧的に働く制限要因を**環境抵抗**（environment resistance）といい，これによる成長速度の減少を**密度依存性**（density dependence）と呼ぶ。この密度依存性を考慮した場合の個体数の増加速度 dN/dt は，式(2.3)のようになる。

$$\frac{dN}{dt} = rN\frac{K-N}{K} = rN\left(1 - \frac{N}{K}\right) \tag{2.3}$$

ここで，K は**環境収容力**（carrying capacity）と呼ばれ，対象とする空間において長期的に維持できる最大個体数を意味している。また上式のカッコ内第2項 $-N/K$ は密度依存性の効果を表し，個体数 N が増加して環境収容力 K に近づくほど個体数の増加率が減少していくことを表現している。

式(2.1)と同様に，式(2.3)についても時間で積分すると

$$N_t = \frac{N_0 e^{rt}}{1 + \frac{N_0}{K}(e^{rt} - 1)} \tag{2.4}$$

が得られる。式(2.4)は，**ロジスティック方程式**（logistic equation）と呼ばれ，閉鎖環境における個体群の成長曲線を簡潔かつ基礎的に表現したものとして，今日よく使われている。

このロジスティック方程式が成立するには，以下のような前提条件がある。

(1) 個体群の齢構成が安定していること
(2) 個体群の密度が増加するにつれて，環境抵抗により増殖が抑えられていくが，その際，抑制は速やかかつ連続的に行われること
(3) 密度増加による増殖の抑制は，個体の齢や性質などに関係なく，どの個体にも等しく働くこと
(4) 個体群の成長は個体群密度の1個体ずつの増加に比例して抑制される。すなわち増加率は密度に対して直線的に減少すること
(5) 温度，湿度，光といった無機的な環境条件や食物供給量はつねに一定であること

図2.6に式(2.2)，(2.4)で表される個体数の時間変化（成長曲線）を示す。

32　2．環境生態工学の基礎

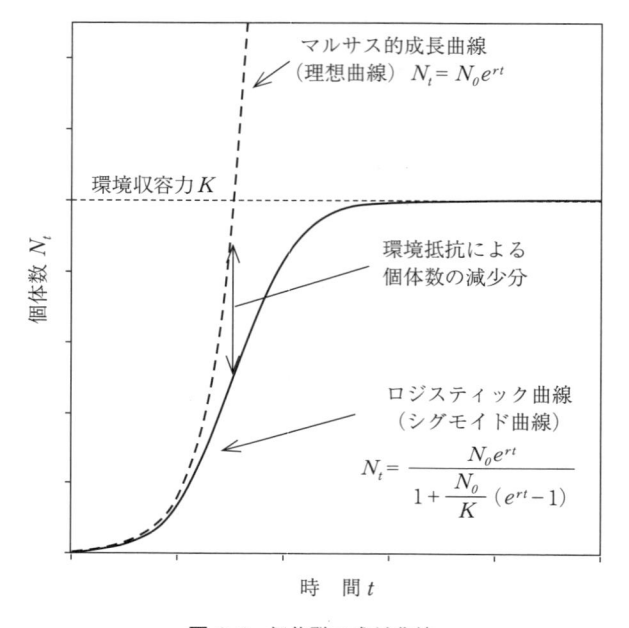

図中:
- マルサス的成長曲線（理想曲線） $N_t = N_0 e^{rt}$
- 環境収容力 K
- 個体数 N_t
- 環境抵抗による個体数の減少分
- ロジスティック曲線（シグモイド曲線）
$$N_t = \frac{N_0 e^{rt}}{1 + \frac{N_0}{K}(e^{rt}-1)}$$
- 時間 t

図2.6 個体群の成長曲線

式 (2.4) を描くと，ちょうどS字型の増加曲線が得られ，これを**S字型成長曲線**（S-shaped growth curve）または**シグモイド曲線**（sigmoid growth curve）という。

実際の個体群の成長曲線は，自然界の多くの要因の影響を受けるため，**図2.7**に示すとおりさまざまなものが得られる。

例題2.1　ある大腸菌群数は15分（0.25時間）ごとに2分裂する。この大腸菌群数の増加率 r と，$N_0 = 1$〔MPN/100 ml〕としたときの1日後の大腸菌群数を求めよ。

【解答】　個体数が2倍になるのに要する時間のことを**倍加時間**（doubling time）という。個体数が2倍になるのに要する時間 t と増加率 r の関係は

$$2N_0 = N_0 e^{rt} \qquad (2.5)$$

となる。両辺の N_0 を消去し，対数をとると $\ln(2) = \ln(e^{rt}) = rt$ となり

$$t = \frac{0.693}{r} \qquad (2.6)$$

2.4 個体と個体群

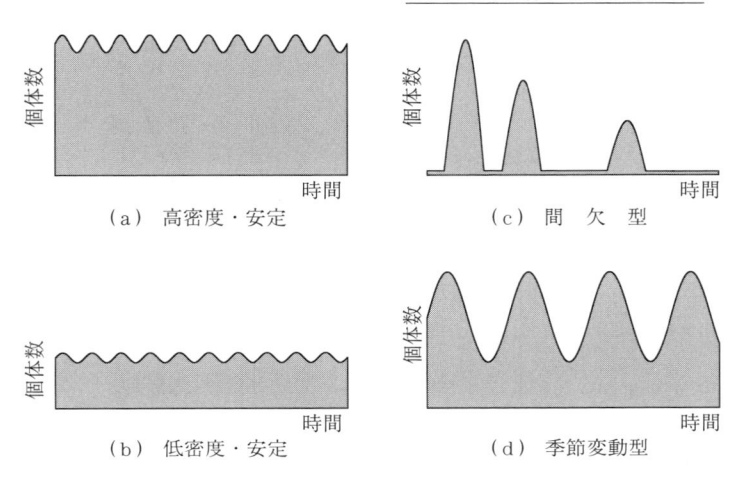

(a) 高密度・安定
(b) 低密度・安定
(c) 間　欠　型
(d) 季節変動型

図 2.7 成長曲線の例

が得られる。ここで $t=0.25\,\mathrm{h}$ なので，内部増加率 $r=0.693/0.25=2.77$ となる。よって大腸菌群数の増加を表す式は $N=N_0 e^{2.77t}$ となり，1日後（$t=24\,\mathrm{h}$）の大腸菌群数は 7.8×10^{28}〔MPN/100 ml〕となる。　◇

例題 2.2 環境抵抗による抑制がなければ，1年ごとに頭数が2倍になる動物がいる。いま，環境収容力 K が1 000頭の牧草地にこの動物を5頭導入したとする。1, 5, 10, 15, 20, 30年後の個体数を求めよ。

【解答】　内的自然増加率 r は，$t=1$ 年で2倍になるということから，式(2.2)より $2N_0=N_0 e^{rt}$ として $r=0.693$（69.3％）と求められる。なお，題意より初期個体数 $N_0=5$，環境収容力 $K=1\,000$ である。これらの値を式(2.4)に代入して t 年後の個体数 N を算出すればよい。
($N_1=10$ 頭，$N_5=138$ 頭，$N_{10}=837$ 頭，$N_{15}=994$ 頭，$N_{20}=N_{30}=1\,000$ 頭）　◇

個体群の増減に影響を及ぼす要因は，出生や死亡の他，移入や移出といったものが考えられる。いま**図 2.8** に示すとおり，移出入のない閉じた系での個体群密度による出生率と死亡率の変化を考える。出生率は個体群密度が低い範囲ではその増加に伴って増えていく。これは，個体群密度が高まることによって繁殖の機会が多くなるためである。やがてある密度で最大となるが，個体数

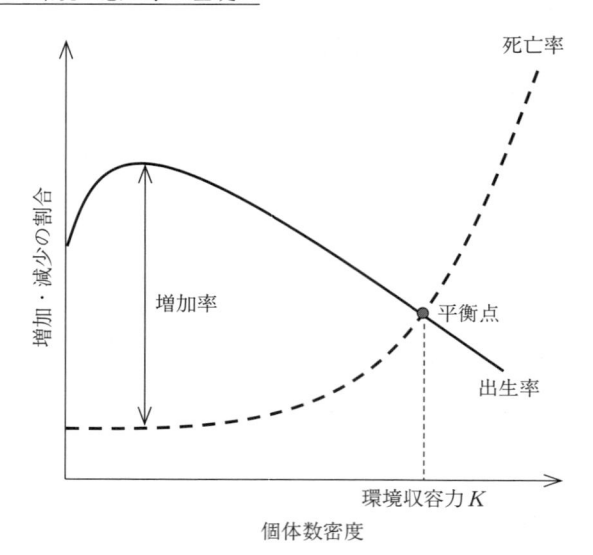

図 2.8 個体群密度による出生率と死亡率の変化 [1]

の増減が個体数密度によって制御される**密度効果**（density effect）によって無限に増えることはなく，その後は緩やかな減少に転じる。一方，密度が高くなるにつれて餌やすみかが競合するため，ストレスがたまって死亡率は次第に増加する。したがって，出生率と死亡率の曲線の交点（平衡点）が存在し，両者が釣り合う安定な個体群密度が決まる。これがすなわち，式(2.3)における環境収容力 K にほかならない。

ところで，生物の増え方には大きく分けて二つある。一つはできるだけ速く成長しようとするタイプで，内的自然増加率 r を最大に選択することから，**r-選択種**（r-selection species）と呼ばれる。このタイプの種は，不安定な，または周期的に厳しい環境下において，好適条件が出現すると，その地域に急速に定着することができる。このような種は，日和見性が強く，**オポチュニスト種**（opportunist species）とか，**放浪種**（fugitive species）などと呼ばれる。

もう一方は，ゆっくりと成長するタイプで，r 選択種よりも相対的に高い飽和密度，すなわち高い環境収容力 K の下でも生存できることから，**K-選択種**（K-selection species）と呼ばれる。このタイプの種は，一般に寿命が長く，少

数の子どもを産み，一つの個体が長い期間にわたって生存できるようにエネルギーを投資する。このような種は，**平衡種**（equilibrium species）と呼ばれる。

両者の特徴を比較すると**表2.6**のようになる。

表2.6 r-選択と K-選択の特徴の比較[4]

項 目	r-選択	K-選択
気 候	不規則に大きく変化する。	安定しているかまたは周期的
死亡率	密度に依存せず，壊滅的	密度に依存
個体数	変化が甚だしい。環境収容力 K より低レベルで不飽和なため，再侵入あり。	安定。環境収容力 K 付近にあり高密度で飽和なため，再侵入なし。
種内競争	穏やかである。	厳しい。
その他	1. 高い内的自然増加率 r 2. 速い成長 3. 早い繁殖 4. 個体サイズ：小 5. 繁殖機会：1回 6. 繁殖形態：小卵多産 7. 寿命：短い	1. 高い競争能力 2. 遅い成長 3. 遅い繁殖 4. 個体サイズ：大 5. 繁殖機会：多回 6. 繁殖形態：大卵少産 7. 寿命：長い
具体例	1年生草本植物 イナゴなどの大量発生 ネズミ	ゾウ 森林 サンゴ礁

2.4.2 種 内 競 争

生物間の競争には，同じ種の個体間での**種内競争**（interference competition）と，複数の別の種の個体間での種間競争（2.5.2項参照）がある。種内競争は，光や水，栄養塩，空間といった資源をめぐって起こる個体群の中での争いであり，個体群密度が高くなるとその競争が激しくなる。種内競争の具体的な例としては，メスをめぐるオス同士の闘争や同じ餌を獲るための縄張争いなどがある。同種の個体どうしが同じ環境，同じ資源，同じ配偶相手を利用しなくてはならないため，種内競争は最も過酷な競争関係にあり，生物進化の最も大きな原動力になると考えられている。

個体群密度が高まり種内競争が生じるレベルに達すると，1個体当りのサイズが小さくなる。これは，個体間で水や光，栄養塩などの資源をめぐる競争が

起こると，1個体が利用できる資源量が減り，結果として個体のサイズが小さくなるからである。これを**最終収量一定の法則**（law of constant final yield）という。つまり，個体群密度に関係なく，その空間に生息する生物体全体の重さ（バイオマス）は変化しない。つまり，収穫を上げようと密に種子を散布するなどしても，全体の収穫量は増加しないことを意味している。

また，植物は個体の成長に伴う種内競争の結果，**自己間引き**（self-thinning）によって自然に個体数を減らしていく。これは個体の成長過程で大きな個体は小さな個体より多くの資源を獲得することができるので，大きな個体はますます大きくなり，小さな個体は利用できる資源がますます限られ，やがて死亡・枯死に至るというものである。

生存個体の密度と1個体の重さの関係をみると，個体が小さい間は種内競争が起こるレベルになく，自己間引きも起こりえないので，個体の重さは純増する。個体が次第に大きくなると種内競争が生じ，その結果自己間引きによって生き残る個体数が減少し，1個体当りの重さが重くなる。生存個体の密度と1個体の重さの経時的な関係を，それぞれ対数でプロットすると**図2.9**のよう

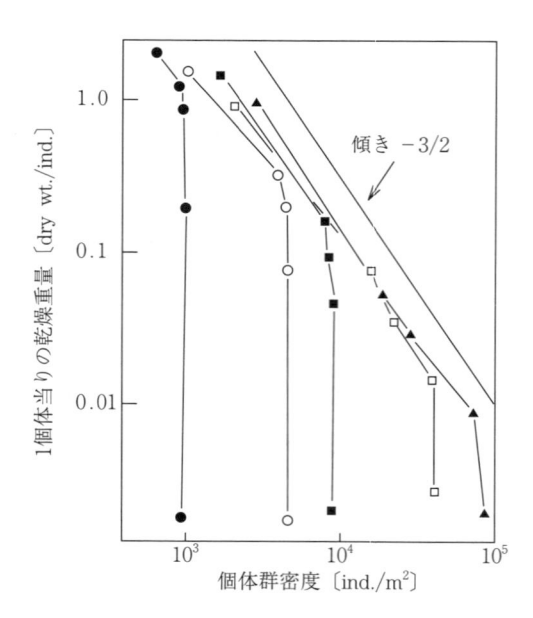

図2.9 2分の3乗法則[8]

に傾きが−3/2の直線上に分布することが知られている。これを**2分の3乗則**（the −3/2 power law, Yoda et al. 1953）と呼ぶ。

2.4.3　個体群の移動と分散

個体群には開放空間であれば移動・分散し，その生活範囲を拡大していく傾向がある。特にその空間の環境収容力に近づくと移動や分散はより起こりやすくなる。

移動と分散はしばしば同義語として使われることもあるが，本来はそれぞれ違うものである。**移動**（migration）とは**移住**とも呼ばれ，種の多数の個体がある生息地から他の生息地へと，集団で方向性をもって動くような場合に用いられる。大発生したイナゴの群飛や鳥類の大陸間の渡りなどがその典型的な例である。また，潮の干満に従って行き来をする海岸動物の動きも移動に含まれる。

移動はつぎの三つのパターンに分類される。

(1)　その生物の生涯にわたり毎年繰り返されるもの　　　（cf.　鳥の渡り）
(2)　生涯に一度だけ往復運動するもの　　　　　　　　　（cf.　サケの産卵）
(3)　異なる生息地間を親世代と子世代で往復するもの

　　　　　　　　　　　　　　　　　　　　　　（cf.　オオカバマダラなどの昆虫）

ここで，生物の移動に関する研究の一つを紹介しよう。アメリカ合衆国の生態学者マッカーサーとウィルソンは，海洋島の生物の種数が，島の大きさと大陸からの距離に関係すると考え，ある仮説を立ててそれを検証した（1967年）。すなわち，島の生物相は，新たに移住してくる種数とその島で消滅していく種数との間で一定の平衡状態にあると考えた。島は周囲が水であるから，陸上生物にとってはかなり閉鎖的な系である。しかし，一般には島の面積が大きければ大きいほど資源量が多く環境も多様であるから，それだけそこにいる生物の絶滅率は小さくなる。一方，生物の供給源である大陸から離れれば離れるほど，そこから島への生物の移入率が小さくなるから，島での種数は小さくなる。マッカーサーらは，基本的にこの絶滅率と移入率により，島の現実での

種数が決まっていると考えた。これを**種数平衡説**（equilibrium theory）という。**図 2.10** はこの説をわかりやすく提示したものである。なお，このような島に生息する生物に関する生物地理学的な学問領域は**島嶼**（とうしょ）**生態学**（island biogeography）と呼ばれている。

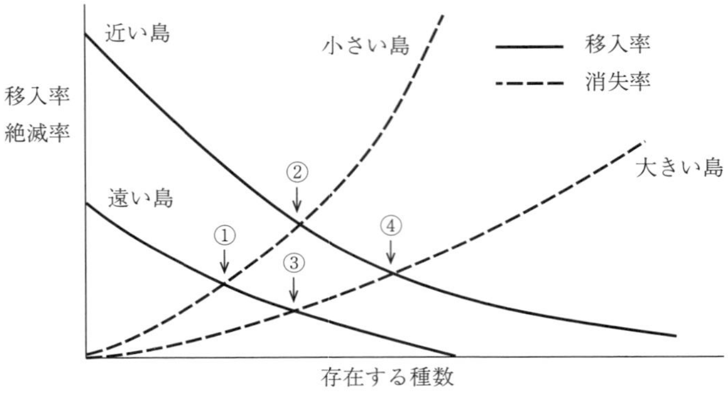

移 入 率：大陸に近い島では大きく，遠い島ほど小さい（島に定着する種数が増えるほど減少）
絶 滅 率：小さい島ほど大きく，大きい島ほど小さい（島に定着する種数が増えるほど増加）
島の規模：資源量，環境の多様度　豊富　→　絶滅リスク低い
島の距離：生物の供給源（距離が長いほど供給量は少ない）

①　小さく，遠方の島では少数種が予想される
②　小さく，近方　　③　大きく，遠方の島では種の豊富さで中間である
④　大きく，近方の島には多くの種が生活している

図 2.10　種 数 平 衡 説[9)]

一方，**分散**（dispersal）は，個体が個体群の他個体から離散していく場合をいうことが多い。例えば，巣立った鳥が親や兄弟とわかれて別の場所に行く場合や，生物のある種の分布圏の拡大に貢献するような場合をいう。これは個体群の構成要素の距離が離れていく現象を指し，方向性は特に問題にしない。したがって，動物に限らず広く生物一般に適用される用語である。

多くの生物は，分散に適した，あるいは特殊化した性質や形態をもつ。これを分散体とか散布子という。動物のような移動能力の大きいものは成体そのも

のが分散体と考えることもできるが,樹木や草本植物,固着性の動物(貝など)はその生涯の中で分散に適した発育段階をもっていて,これによって拡大していく。分散体の分散手段には**表2.7**のようなものがある。

表2.7 分散体の分散手段[3]

方 法	内容・具体例
風分散	風に乗って遠方まで飛散する。 cf. 植物の種子,シダ類・菌類の胞子,クモの幼体など
水分散	海流や河川流を利用して分散する。 cf. 海産藻類の遊走子,カニやサンゴの幼生,椰子の実など
動物分散	脊椎動物や鳥類などの移動能力の大きい動物に付着したり,摂食されることで分散する。 cf. 植物の種子,果実の種
自発分散	分散体自身が移動能力を有する。 cf. マメ科,カタバミ科,アブラナ科などの種子

2.4.4 個体群の生活史と生存戦略

生活史(life history)は,生物個体の一生を特に生存と繁殖の過程に焦点を当てて,時間経過を追ってとらえる概念である。例えば,脊椎動物なら,受精→出生→成長→生殖(求愛・交尾・妊娠・産卵または産子などを含む)→死亡,植物なら,種子散布→発芽→成長→生殖(開花・受粉・種子形成などを含む)→枯死といった一連の過程をいう。なお,これと似た言葉に**生活環**(life cycle)があるが,これは減数分裂,受精,宿主転換(寄生虫の場合),変態などの過程が世代ごとに繰り返されることを強調した表現である。

生物界には動植物,菌類などが実に多様な様式で生活している。例えば,エビやカニなどの海産無脊椎動物だけを取り上げてみても,1年生1回繁殖型,年間2世代型,多年生で年1回決まった繁殖期に各年群が同時に繁殖するもの,短寿命・短期成熟型などが挙げられる。こうした生活史は,気候や気象・海象などの無機的環境要因,他種との競争,同種個体間での共生関係といった有機的環境要因の下で,**自然選択**(natural selection)による進化過程の結果として形成されたものと考えられる。

図**2.11**は，シオマネキ（*Uca arcuata*）の生活史である。成体から放たれたzoea幼生は海域で変態を繰り返しながらmegalopa幼生に成長し，幼ガニは再び河口へ回帰する。このため，例えば堰(せき)などの建設によって水域と陸域の連続性が絶たれてしまうと，空間（例えば，河口干潟）そのものが残存しても，そこに生息する生物が存続できなくなる可能性がある。したがって，公共事業などを進めるにあたっては，対象生物の生活史に配慮することがきわめて重要である。

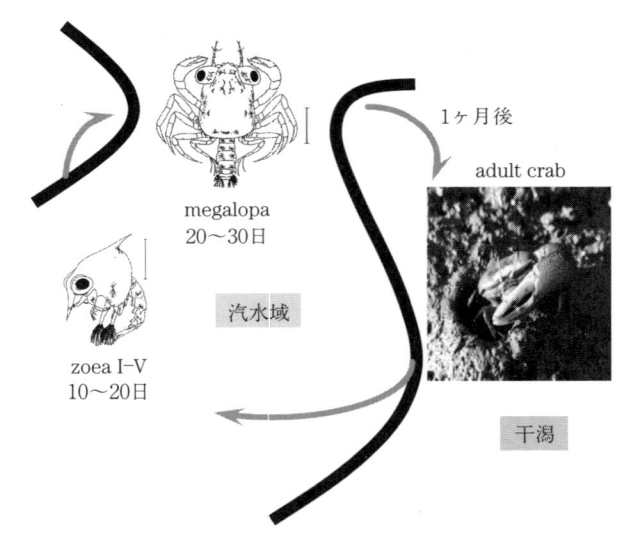

図2.11 シオマネキ（*Uca arcuata*）の生活史

さて，生物は環境に適応するためにさまざまな戦略をとっているが，このうち生活史に関する戦略を**生活史戦略**（life history strategy）という。生物のとるさまざまな生活史戦略は，個体の適応度（一つの個体がどれだけ多くの子孫を残せるかで示される，自然選択に対する個体の有利・不利の程度を表す尺度）を最大化する方向に進化してきたものと考えられている。

イギリスの生態学者グライムは生育地における環境の擾乱(じょうらん)（野火・風害・霜・干ばつ・土壌浸食・病気・動物による食害・人為など），植物へのストレス（水，栄養塩類，光，温度などの不足によって光合成が制限されること）の

程度を尺度にすれば，植物がどのような生活様式をとるかを説明することができると考えた（1977年）。それぞれの戦略の英語の頭文字をとって**C-S-R戦略**（C-S-R strategy theory）という。以下にそれぞれの戦略の概要を記す（**表2.8**）。

表2.8 植物のC-S-R戦略

		ストレスの強さ	
		小	大
撹乱強さ	小	競争戦略	耐ストレス戦略
	大	荒れ地戦略	生育できない

(1) **競争戦略**（Competition strategy，**C-戦略**）　撹乱もストレスも小さい条件下で生育する植物がとる戦略。他の植物よりも高い位置に葉を展開したり，地下により広い吸収表面を広げたりするなど資源の獲得に適した特性をもつ。そのため，成長の速い比較的大型の植物が多い。

(2) **ストレス耐性戦略**（Stress tolerant strategy，**S-戦略**）　撹乱は小さいが大きなストレスのある条件下で生育する植物がとる戦略。光が十分になかったり，栄養分が少ないなど成長が制限される中で，ゆっくりと成長する小型の植物。そのため，その葉の寿命は長く，常緑である。

(3) **撹乱依存戦略**（**荒れ地戦略**，Ruderal strategy，**R-戦略**）　ストレスは小さいが，荒れ地のようにつねに撹乱のある場所で生活している植物がとっている戦略。いつ撹乱に遭遇してもダメージが少なくなるように，成長期間が短く，早いうちから繁殖を始める。また，土壌中に長寿命の種子を残す種も少なくない。

一方，動物は生きていくために外界から食物をとる必要があり，そのために大量のエネルギーと時間を費やしている。また，他の動物に食べられないように直接的な防衛行為に出たり，毒物質や棘，硬い外骨格などで自身の身を覆うなどして自分の身を守っている。さらに繁殖期にある動物は，求愛行動や交尾，産卵や出産，育児などに多くのエネルギーを振り分けている。産子数や産卵数の少ない哺乳類や鳥類は，質のよい食物が最も得やすい時期に，外敵に

対して安全な場所を選んで最適な数の子や卵を産む。こうした繁殖に費やす努力は大きく以下の三つに整理される。

(1) <u>配偶子生産努力</u>： 精子や卵といった配偶子の生産に費やすエネルギー
(2) <u>配偶者獲得努力</u>： 配偶者の数を増やすために費やすエネルギー
(3) <u>親による子の保護努力</u>： 卵や子の生存率を上げるために費やすエネルギー

上記の三つのどこに（あるいはそのすべてに）力を注ぐかは種によって異なっており，種ごとにさまざまな戦略がとられている。

2.5 生物群集

自然界では，一つの種の生物が，他の種とまったく関係をもたず単独で生活していることはほとんどない。多くの場合，複数の種がさまざまな関係をもちながら生活している。ある地域に生息するすべての種，もしくはある近縁なグループ種の総体を群集という。なお，植物生態学では，（植物）群落あるいは**植生**（vegetation）という用語がよく用いられる。以下では，生物群集構造を理解するのに重要な生態的地位や生物間の相互作用，生態遷移など基本用語について解説する。

2.5.1 ニッチとギルド

生物は，その種類ごとに生活に必要とする資源や条件が異なる。生活に必要な資源が同じ生物が同じ場所に生活すると，その資源を奪い合う競争が生じることになる。生物が，多様な資源や条件についてそれぞれどのような要求性をもっているかで特徴づけられる生態学的な総合特性を**ニッチ**（niche）または**生態的地位**という。対象とする生物種が地球環境のどこで生活し，どのような役割を担っているかを示すもので，さまざまな種間関係を表現する上で有効な概念である（図 2.12）。一般に競争相手のいない場所でのニッチは競争相手のいる現実のニッチに比べて広いとされる。前者を基本ニッチ，後者を実現ニッ

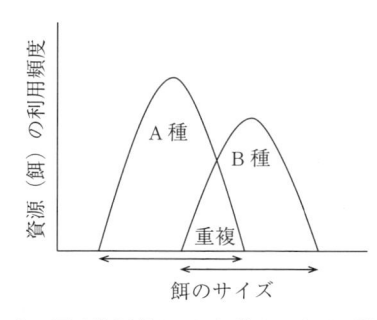

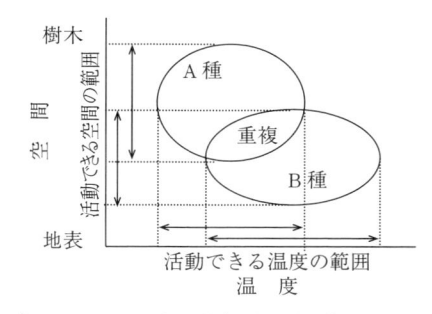

左の図は資源（餌のサイズ）が1次元の場合，右の図は二つの資源軸（温度と空間）の場合に，同じ地域に棲むA種とB種の活動の範囲を示したものである．両種は餌のサイズや利用空間，温度を違えることで共存しているが，重複している部分では競争が起こる

図2.12 生態的地位（ニッチ）の概念

チという．競争相手がたくさんいる場合には，各ニッチは単独の場合に比べて狭められ，種間でニッチを分割して共存を図ることになる．これを**ニッチ分割**（niche separation）という．

いま，ある生態系において，たがいによく似た2種類の動物が，同じ場所で生活し，同じ餌を食べる，すなわち同じ生態的地位を占めるとした場合を考えてみよう．おそらく生活場所や食べ物の奪い合いとなって，どちらかの種が排他されるか，生活場所や食べ物の種類を変えて同じ場所で共存することになるだろう．このように自然界では生活場所や餌資源などの生活要求がよく似た種どうしは，競争の結果として同じ生態的地位には共存できない．これを**競争排除の法則**（competitive exclusion）と呼ぶ．なお，ある種が絶滅したり渡りを行ったりして，その生活空間からいなくなり生態的地位に空きができた場合には，似たような生活要求をもつ別の生物が入り込む．

一方，同一の栄養段階にあって類似の資源を同じような摂食様式で利用する種のグループを**ギルド**（guild）という．例えば，森林では多数の植物体が共存しているが，それらは光環境を共通のニッチとして利用している．一般に同じギルドに属する種どうしでは競争が激しく，異なったギルドの種どうしでは競争は弱いと考えられている．ギルドは群集構造を栄養段階より細かく，ニッチよりも大まかに分析する際に用いられる概念である．

2.5.2 生物間の相互関係

生物はたがいに影響を及ぼしながら生きている。ある生物群集において，同種の個体どうしは生活上の要求（生殖や生活空間，栄養摂取）を同じくするので，それらをめぐる深い関わりをもっている（2.4.2項 参照）。一方，他種の個体どうしもたがいに影響を及ぼしながら生活しており，これを**種間関係**（interspecific relation）という。例えば，ワシやタカなどの猛禽類はウサギなどの小動物を餌とし，ウサギは草などを餌としている。このような生物の相互関係には**表2.9**のようなものがある。

表2.9 生物の相互関係[2]

相互関係	性 質	具 体 例	種A	種B
不偏関係	A，Bの個体群とも他に影響を与えない。	草食性の昆虫と肉食性の動物 cf. サバンナのシマウマとキリン	0	0
競争	それぞれの個体群が他種により直接抑制されたり（直接干渉型），共通に要求する資源をめぐり合い，たがいに不利な影響を受けたりする（資源利用型）。	【植物】光の奪い合い 【動物】餌や生活場所の奪い合い cf. 同じニッチの生物	−	−
相利共生	相互関係はたがいに有利かつ義務的。	cf. マメ科植物と根粒菌	+	+
原始協同	相互関係はたがいに有利だが，義務的でない。	cf. アリとアブラムシ	+	+
片利共生	共生者（個体群A）は利益を得るが，宿主（個体群B）はなにも影響を受けない。AにとってBは必須の要件であることが多い。	cf. サメやウミガメとコバンザメ	+	0
片害共生	個体群Aはなにも影響を受けないが，個体群BはAの存在によって不利な影響を受ける。	cf. 赤潮プランクトンが出す毒素による魚介類斃死	0	−
捕食	捕食者（個体群A）と被食者（個体群B）の関係。いわゆる「食う-食われる」の関係	草食動物と植物 肉食動物と草食動物 cf. ライオンとシマウマ	+	−
寄生	寄生者（個体群A）は利益を得るが，宿主（個体群B）は被害を受ける。	cf. 赤セミタケとニイニイセミの幼虫	+	−

〔注〕 0：影響なし，＋：利益，プラスの影響あり，−：不利益，マイナスの影響あり，を意味する。

2.5.3 生態遷移

　生態系は固定されたものではなく，時間とともに変化している。火山の噴火や洪水などで形成された裸地（らち）も，時間が経つにつれて草原や低木林になり，やがて森林になっていく。このような，ある場所における植生の変遷を**生態遷移**（ecological succession）という（図 2.13）。

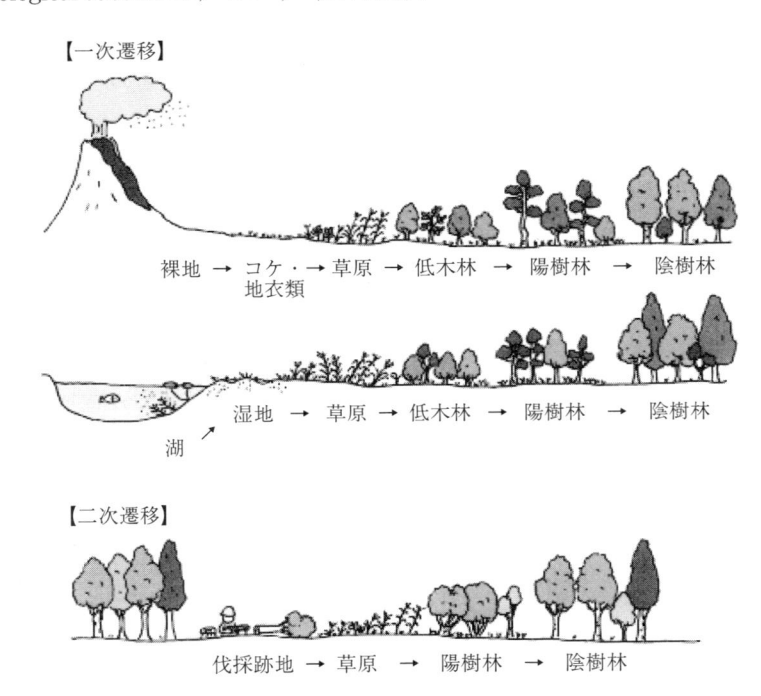

【一次遷移】

裸地 → コケ・地衣類 → 草原 → 低木林 → 陽樹林 → 陰樹林

湖 湿地 → 草原 → 低木林 → 陽樹林 → 陰樹林

【二次遷移】

伐採跡地 → 草原 → 陽樹林 → 陰樹林

図 2.13　生態遷移（鷲谷いずみ（絵：後藤　章）：絵でわかる生態系のしくみ，講談社サイエンティフィック，p.59（2008）より転載）

　遷移の様式は，遷移開始時の生物的・無機的条件や，遷移の動因（直接的な動機），優占種の交代の方向性によってさまざまに区分される。

　溶岩流上などの，基質に胞子や種子，根などの繁殖器官や植物体の一部を含まない場所から始まる遷移を**一次遷移**（primary succession）という。これに対し，山火事や伐採などなんらかの撹乱（かくらん）によってそれまでの植生が破壊された後の場所から始まる遷移を**二次遷移**（secondary succession）という。以前に

生育していた胞子や種子，根などの繁殖器官や植物体の一部などがすでに基質に混じっていることや，すでに土壌が発達していることが一次遷移との大きな違いになっている。遷移の開始から**極相**(きょくそう)（climax，植物の遷移における最終段階で，植生は環境と平衡状態に達している）に至るまでの時間は，二次遷移で100～200年，一次遷移で1000年を超える場合が多い。

　遷移の各段階において優占する種にも特徴が見られる。遷移の初期段階では，優占するのは水分や養分の少ない過酷な環境に耐えることのできる分散能力が高い種に限られる。風や小鳥によって運ばれる小型の種子をもち新しい場所にいち早く散布され，明るい環境で速く成長する性質をもつからである。暖温帯ではカラスザンショウ，冷温帯ではシラカンバなどがその典型種である。これに対し，遷移の最終段階では，次第にこれらと置き換わって，比較的大きな種子をもち，耐陰性に優れ競争力が強い種が主役となる。暖温帯でのスダジイやカシ類，冷温帯でのブナなどがその典型種である。

　日本においては，溶岩の上や新しくできた島のような完全な裸地から出発した場合は，通常は最初に草本などが生え，その後に低木，さらに高木に交代して，最終的には森林が成立するという系列をたどる。このような遷移過程は季節変化のような周期的なものとは異なり，一定の方向へと向かう不可逆的なものとなっている。

┤コーヒーブレイク├

人工生態系

　宇宙開発の分野においてその先端を走っていた米国では，人類が宇宙空間に移住する場合に備えて，閉鎖された狭い生態系の中で果たして生存することができるのかを検証する必要があった。

　そこで，1990年代にアリゾナ州オラクルに動植物の生息環境を人工的にクローズド化して制御する人工生態系「バイオスフィア2（Biosphere2）」を建設し，さまざまな実験が行われた。『第2の生物圏』を意味するこの一連の施設は，砂漠の中にそびえ立つガラス張りの巨大な空間に，熱帯雨林，海，湿地帯，サバンナなどの環境を世界各地から持ち込んだ動植物で再現しようとしたもので，日光によって空気が膨張し気圧が変化するのを防ぐために，巨大な気圧調整室が設け

られた．建物の面積は1.27ヘクタール，最高部の高さは約28メートルあり，これまでに建設されたこの種の施設として最大のスケールを誇った．

実験は2年交替で科学者8名がこの閉鎖空間に滞在し，100年間継続される予定であったが，実際には最初の2年間で途絶えてしまった．その理由には，つぎのような問題がある．まず，挙げられるのが，酸素不足である．当初の試算では大気は一定の比率で安定するはずであったが，土壌中の微生物の働きなどが影響して酸素が不足状態に陥った．さらに日照不足によって，光合成による酸素生産が間に合わず，慢性的な不足状態に陥った．つぎに挙げられるのが，二酸化炭素の固定化である．酸素が不足している状態では二酸化炭素が増え，光合成はむしろ盛んに行われると考えられたが，二酸化炭素の一部が建物のコンクリートに吸収されていることが判明した．一時的に炭素過多な状況になった場合には，植物を刈り入れ乾燥させることで炭素を固定し，その後必要なときにそれを使う方法を取り入れようとしたが，コンクリートに吸収された二酸化炭素は用いるすべがなかった．三つ目の問題は食糧不足である．多くの植物が，大気の自律調整の難航や日照不足から予想していたほど生長せず，バナナやサツマイモなどが栽培されたものの，多くの家畜は死に，バイオスフィア2での食生活は後半に至るほどに悲惨なものとなった．コーヒーなどの嗜好品がごく稀に収穫できたときには，科学者たちは狂喜したという．そして，四つ目の問題が心理学的側面である．これはしばしば登山隊や宇宙飛行士の間でも聞かれる話であるが，外界との交流を一切断ち切られた空間では情緒が不安定になり，対立構図が生まれやすい．食生活への不満や，安全面での不安がさらにそれを強めたといえる．

この壮大な実験の「失敗」は，いかに自然の生態系を模倣することが難しいかを物語っており，さまざまな複雑な要素が微妙なバランスを保って維持されているという生態系の恩恵を知ることとなったわけである．

その他の代表的な人工生態系としては，宇宙ステーションや南極基地などでの植物栽培，人工照明や水耕栽培を組み合わせた植物工場などがある．また，国内では環境科学研究所（所在地：青森県六ヶ所村）が実験を進めている．

バイオスフィア2（左：熱帯雨林温室，中央：居住棟，右：日周気圧調整ドーム，出典：Google Earth）

演 習 問 題

【1】 生態系の定義を示せ。

【2】 自分たちの身の回りにある生態系を取り上げ，その生態系を構成する生物と環境要因を五つずつ挙げよ。

【3】 以下の項目は，作用，反作用，(生物相互) 作用のいずれか答えよ。
　　(1) 樹木は鳥類に住処を提供し，鳥類は樹木の種子を別のところに運ぶ。
　　(2) 気温が下がって樹木の葉が枯れる。
　　(3) 樹木の落ち葉がたまって土壌が形成される。
　　(4) ミミズが排泄により団粒構造の土をつくる。
　　(5) 土中の有機物がミミズの栄養となる。

【4】 生態系区分について説明せよ。

【5】 われわれ人間 (ヒト) の生物としての学名を答えよ。

【6】 図 2.14 に示す人間の年齢構成図 (人口ピラミッド) について，それぞれその特徴を答えよ。

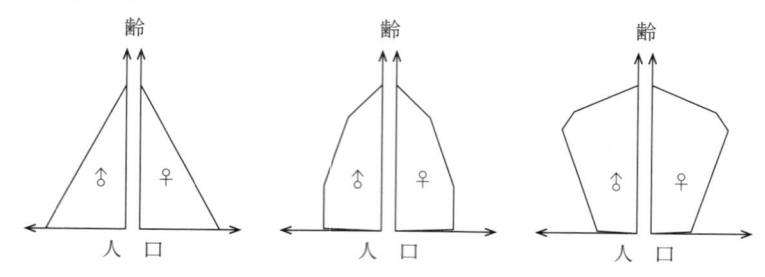

図 2.14　年齢構成図 (人口ピラミッド)

【7】 個体群の成長における理想的な条件を示せ。

【8】 当初 10 匹いたネズミが 7 日後には 15 匹になった。内的自然増加率 r を求めよ。また，理想的な条件下では 20 日後の個体数は何匹になるか。

【9】 半日で 2 分裂する浮草 1 個体が 7 月 5 日の 0 時に直径 12 m の池に侵入した。除去作業や天候不順，外敵による影響などの環境抵抗がない場合，池の水面が

水草で覆われるのはいつになるか答えよ。ただし浮草1個体の面積は $1\,\mathrm{cm}^2$ とする。計算過程においては小数点以下3桁まで計算し，日数を求めるときには小数点以下2桁にまとめ日時を求めること。円周率は3.14とする。

【10】つぎの各文が示す生態学（生活史戦略）に関する用語を答えよ。
(1) ストレスは小さいが，荒地のようにつねに撹乱のある条件下で生育する植物のとる戦略
(2) 潜在的な繁殖力を犠牲にして競争力を高めた種
(3) 競争力を犠牲にして潜在的な繁殖力を高めた種
(4) 撹乱は小さいが大きなストレスがある条件下で生育する植物のとる戦略
(5) 撹乱もストレスも小さい条件下で生育する植物のとる戦略

【11】一次遷移と二次遷移の違いを説明せよ。

3

生態系の構成とそのつながり・エネルギーの流れ

　本章では，まず生態系の構成者とその役割・機能について学ぶ。つぎに，生物活動の基幹をなす一次生産（光合成）や二次生産とはどういったものかを理解する。また，生態系構成者のつながりを表す生態ピラミッドや食物連鎖について学習する。最後に，生態系におけるエネルギーの流れについて学習する。

3.1　生産者・消費者・分解者

　生態系は，多様な生物とそれらの間のいっそう多様な関係から成り立つ。生態系を構成する生物は，エネルギーの流れからみた生態系における役割から，生産者，消費者，分解者の3グループに分けることができる（**図 3.1**）。このような自然界の生物を段階構造的に分けたものを**栄養段階**（trophic level）という。

　生産者（producer）は，光合成によって有機物を生産する役割を担う生物で，植物，植物プランクトン，光合成細菌などが含まれる。陸上では，主に大型の維管束植物（種子植物とシダ植物）がその役割を果たす。

　動物は，植物の生産物を消費する**消費者**（consumer）と呼ばれる。野ネズミや野ウサギのように植物（生産者）を直接食べる動物を一次消費者，キツネのように植物を食べた動物を食べる動物を二次消費者，オオカミのように二次消費者を食べる動物を三次消費者と呼んで区別することもある。さらに高次の消費者を認めることができる場合もあるが，高次であるほど現存量は小さくな

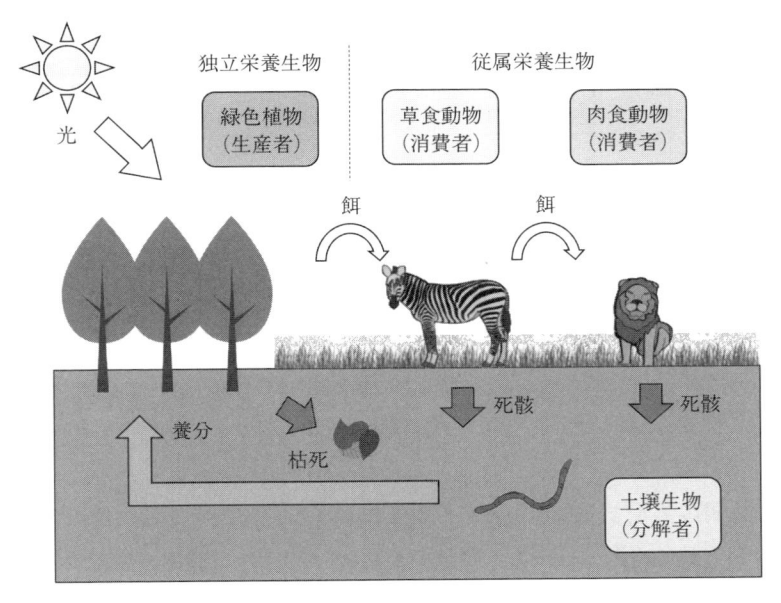

図 3.1 生態系の栄養段階

る。実際は，植物と動物の両方を食べる動物もいるため，ある動物が何次の消費者であるかを判断することは難しい。

　生産者も消費者も，その死骸は土壌動物や微生物の働きによって分解される。最終的には，水，二酸化炭素，窒素やリン酸などに分解され，再び生産に利用可能な原材料に戻る。生物の遺骸や生物からの排泄物（**デトリタス**（detritus）），あるいはそれらの分解物を摂取・分解して，その際に生じるエネルギーを使って生活している生物を**分解者**（decomposer）という。分解者は有機物を分解し，生産者が利用できる形の簡単な無機物（主として二酸化炭素）に戻す役割をもつ。細菌類や菌類がその中心であるが，生産者が合成した有機物を無機物まで分解し，再びこれを生産者が利用できる形に戻すことから，**還元者**（reducer）という場合もある。これら三者の特徴を**表 3.1**に示す。

　生物を栄養摂取の観点から分類すると，**独立栄養生物**（autotroph）と**従属栄養生物**（heterotroph）の二つに大別される。独立栄養生物とは植物のよう

表 3.1 生産者・消費者・分解者の特徴[2]

項　目	生　産　者 （光合成植物）	消　費　者 （高等動物）	分　解　者 （菌　類）
エネルギー源	光	餌	有　機　物 （主として液状）
炭　素　源	CO_2	餌	
窒　素　源	NO_3^-, NH_4^+	餌	
獲 得 様 式	葉の気孔，根毛細胞より吸収	経口摂取 ↓ 消　化 ↓ 吸　収	細胞外で消化 ↓ 細胞壁から吸収
種 間 競 争	同じ資源をめぐって競争激しい	食い分けによって競争回避	同じ資源をめぐって競争激しい

に主に太陽エネルギーなどから有機物を生産する能力を有する生物のことで，生産者がこれに当たる。一方，従属栄養生物は，自ら有機物を生産することができず，独立栄養生物や他の生物から栄養を摂ることで生活している生物で，消費者や分解者はこれに当たる。

このような機能面からみた生物の分類を整理すると**表 3.2**のようになる。

表 3.2 機能面からみた生物の分類[4]

分　類	機能区分	機　　　　能
独立栄養生物	生産者	緑色植物，藻類，光合成細菌など，光合成によって無機化合物のみを栄養塩として有機化合物を合成する生物である。また，化学合成独立栄養細菌類（イオウ酸化細菌，鉄細菌，硫化細菌，水素細菌，メタン細菌）も生産者に含める場合がある。例えば，イオウ酸化細菌は硫化水素，硫黄を酸化してエネルギーを得ている。
従属栄養生物	消費者	直接，間接に生産者（緑色植物など）の有機物を栄養源としている動物のこと。草食動物を一次消費者，肉食動物を二次消費者，三次消費者などと呼ぶ。
	分解者	生物の死体や排出物中の有機物を無機物に分解して，そのとき発生するエネルギーによって生活する生物をいう。腐食性および糞食性の動物や土壌生物，菌類，細菌類など，生産者が再び利用できる形にしているため還元者ともいう。

3.2 一次生産と光合成

　生態系においてすべての生物あるいは特定の一群（例えば，種）の総重量を**バイオマス**（biomass，**現存量**）という．現在，地球上で最も現存量が多いのは植物であり，その中心は陸上の高等植物である．

　緑色植物および植物プランクトンが，光合成によって太陽エネルギーを固定して有機物を生産する過程は**一次生産**（primary production），あるいは**物質生産**（matter production）と呼ばれる．その担い手となる光合成生物を**基礎生産者**（primary producer，**一次生産者**）という．基礎生産者によって生産された有機物は，すべての生物の生活を支える原動力になっており，一次生産は生態系における物質循環とエネルギーの流れの出発点といえる．

　一次生産の根幹をなす**光合成**（photosynthesis）とは，ある種の独立栄養生物において生じる一連の代謝反応のことで，**クロロフィル**（chlorophyll）により吸収された太陽光エネルギーが，二酸化炭素の還元および有機物の合成を推進する．緑色植物では，水が水素供与体および放出酸素源として作用する．光合成は以下の実験式 (3.1) で要約される．

$$CO_2 + H_2O \xrightarrow[\text{光}]{\text{クロロフィル}} [CH_2O] + O_2 \qquad (3.1)$$

　植物などが，一定の時間内に光合成によって生産した有機物の総量を**総生産量**（gross primary production）という．また，この時間内に呼吸によって二酸化炭素や水に無機化された有機物の量は**呼吸量**（respiratory）と呼ばれる．総生産量から呼吸量を引いた値が**純生産量**（net primary production）である．

　純生産量のうち，多くは成長に回されるが，生物体となっても途中で消費者である動物によって摂食されたり，枯死して脱落したりする場合もある．これらの量をそれぞれ**被食量**（predation），**枯死量**（death）とすると，ある時間内での**純成長量**（growth）は次式 (3.2) で表すことができる．

$$G = P_n - P - D = P_g - R - P - D \qquad (3.2)$$

ここに，G：純成長量，P_n：純生産量，P：被食量，D：枯死量，P_g：総生産量，R：呼吸量である。**図3.2**に上式で表される生態系におけるエネルギーの流れの概念図を示す。なお，図中のBは各ステージにおける最初の生体量を表している。

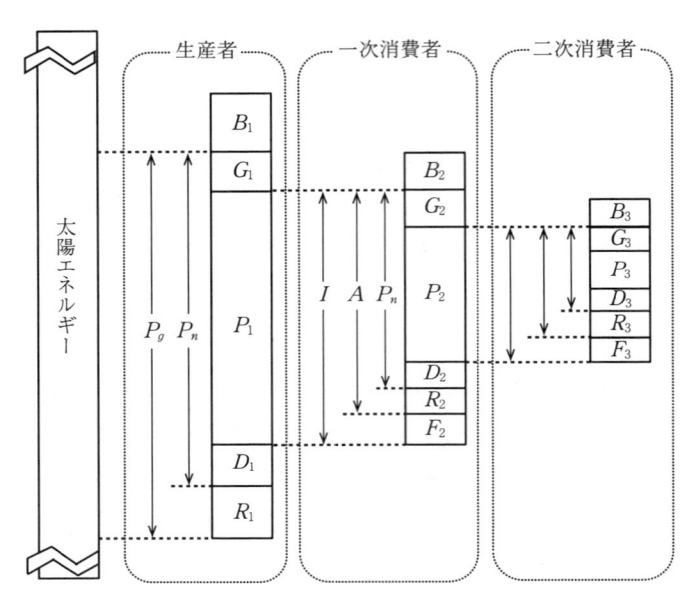

図3.2 生態系におけるエネルギーの流れ

　森林や草原では，被食量は枯死量に比べるとずっと小さく，純生産量の10%以下でしかない。もちろん人為的にコントロールされ，ウシやヒツジなどを放たれた牧場，あるいはバッタなどの昆虫が大発生したような草原では，被食量は著しく増大している。また，水中では，陸上に比べて植物が動物に摂食される割合はずっと大きい。

　表3.3に生態系別の生産量を示す。本表から明らかなように，生産量が高いのは汽水域の一部やサンゴ礁などのごく限られた空間である。また，漁業資源の豊富な大陸棚などの生産量は比較的高くなっている。その一方で，砂漠や外洋で小さくなっていることがわかる。

表3.3 生態系別の生産量[5]

生態系区分	生産量 [×10^3 kcal/(m^2·y)]
砂漠	0.5以下
草原　深い湖　山地林　農地の一部	0.5〜3.0
湿潤な森林　二次林　浅い湖 湿潤な草原　大部分の農地	3〜10
汽水域の一部　泉　サンゴ礁 沖積平野の陸上群集　燃料補助的農業	10〜25
大陸棚　水域	0.5〜3.0
深海	1.0以下

3.3 消費者による二次生産

　消費者である動物は，炭素源を既成の有機物に依存する栄養形式をとる従属栄養生物である。彼らは有機物を分解・再構成して新たな有機物を生産するため，**二次生産者**（secondary producer）と呼ばれる。

　動物が，**摂食**（food ingested）によって体外から取り入れた物質を生体内でエネルギーの受け渡しを行う物質である**アデノシン三リン酸**（adenosine triphosphate，**ATP**）を利用して体内で必要なエネルギーにつくり替えることを**同化**（assimilation）という。また，摂食された物質が吸収されることなく体外へ排出されることを**不消化排出**（feces）という。これら三者の量の関係は次式(3.3)で表すことができる。

$$A = I - F \tag{3.3}$$

ここに，A：同化量，I：摂食量，F：不消化排出量である。

　同化量は生産者（植物）の総生産量に相当するもので，一定時間に消化管などから体内に吸収された有機物量を意味する。この同化量から呼吸に使われる呼吸量 R' を引いたのが動物の純生産量 P_n' となる。光合成による一次生産に対して，これを**二次生産**（secondary production）と呼ぶ。

　われわれ人間は，古くから野生動物の狩猟や漁獲を行い，さらにはウシ，ブ

タ，ウマ，ヒツジなどの家畜，ニワトリ，アヒル，ウズラなどの家禽を飼うことで生活を営んできたが，このことは生態系における二次生産力を利用してきたということにほかならない。つまり，草本の葉や種子という一次生産物を直接に消費するのではなく，動物が生産する動物体そのもののタンパク質，ミルク，あるいは卵といったものを利用している。さらには，ヒツジやラクダ，ウサギなどの毛やウシ，ブタなどの皮も利用している。蚕の絹を目的とした養蚕も二次生産の利用の一つの形態である。なお，二次生産の割合は，陸上生態系よりも水界生態系ではるかに大きいことが知られている。

また，動物の純成長量 G' は一定時間内の純生産量 P_n' から被食量 P' と死滅量 D' を差し引き，次式(3.4)で求められる。

$$G' = P_n' - P' - D' \tag{3.4}$$

この場合，被食量とは個体レベルでいえば血液を他の生物に吸われるとか，寄生虫に同化産物を奪われた量のことであり，死滅量とは，毛，羽毛，皮膚，爪などの脱落した部分の量をいうが，両者とも量的には少ない。動物の場合は同化されたエネルギーは，例えば体が大きくて動き回る動物ではその運動のために，また恒温動物においては体温を一定に保つために主に使われる。

例題 3.1 図 3.3 は，ある生態系の各栄養段階における有機物に含まれるエネルギーの移動を示したものである。また，**表 3.4** はこの生態系の有機物に含まれるエネルギー量（相対値）を示したものである。ここで，同じアルファベットは同じものを表し，例えば B はそれぞれの成長量，D はそれぞれの枯

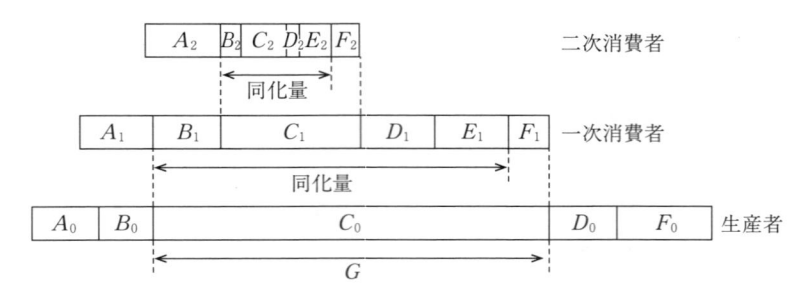

図 3.3 ある生態系におけるエネルギーの移動図

3.3 消費者による二次生産

表3.4 有機物に含まれるエネルギーの相対値

	有機物に含まれるエネルギー量（相対値）
二次消費者	$C_2=6$, $D_2=3$, $E_2=5$, $F_2=4$
一次消費者	$B_1=10$, $C_1=20$, $D_1=12$, $E_1=15$, $F_1=14$
生産者	$E_0=70$, $G=500$

死・死滅量である。

(1) 図中の E, F, G はそれぞれなにを表すか。

(2) $A \sim F$ のうち，分解者に渡る有機物（エネルギー）量を示すアルファベットをすべて答えよ。

(3) 表3.4の値から，(イ) 一次消費者の同化量，(ロ) 一次消費者のエネルギー効率〔%〕，(ハ) 二次消費者の成長量，を計算せよ。ただし，消費者のエネルギー効率は，一つ下位の栄養段階の生物の同化量（総生産量）に対する，その栄養段階の同化量で表されるものとする。

【解答】

(1) E：呼吸量　　F：不消化排出量　　G：純生産量

(2) D と F

(3) 以下のとおりである。

(イ) 同化量とは，消費者が一つ前の栄養段階の生物を摂食した量（摂取量）から，未消化のまま体外に排出した量（不消化排出量）を差し引いたもの，すなわち，同化量＝摂取量－不消化排出量 から求められる。一次消費者の同化量は，生産者の総生産量に相当する。すなわち，一次消費者の同化量＝成長量(B_1)＋被食量(C_1)＋死滅量(D_1)＋呼吸量(E_1)＝10＋20＋12＋15＝57

(ロ) エネルギー効率とは，食物連鎖の各栄養段階において，一つ前の栄養段階のエネルギー量のうち，その段階で利用されるエネルギー量の割合〔%〕を示したものをいう。この問題では，一つ前の栄養段階（生産者）の同化量（総生産量）＝純生産量＋呼吸量＝$G+E_0$＝500＋70＝570，一次消費者の同化量は57であるから，57÷570より，10% と求められる。

(ハ) 消費者の成長量は，同化量（＝一つ前の栄養段階の被食量－不消化排出量）から呼吸量，被食量（高次の動物に食べられる量），死滅量を差し引いて求められる。すなわち，二次消費者の成長量＝同化量－（呼吸量＋被食量＋死滅量）＝(C_1-F_2)－($E_2+C_2+D_2$)＝(20－4)－(5＋6＋3)＝2 となる。　◇

3.4 生態ピラミッド

　生態系の構成者となる生産者，消費者のバイオマス（生物体の乾燥重量）や個体数などを測って，その多さについて生産者を土台にして積み上げてみると，バイオマスに関しては，**図3.4**に示すようなピラミッド形に表すことができる。ピラミッド形になるのは，動物が餌を食べても栄養のすべてが身に付くわけではなく，未消化なまま排出される部分が少なくないこと，また，呼吸でエネルギーが引き出される際に，二酸化炭素や水が生成することによる。動物の体内への歩留まりは，餌に応じて異なるが，それは決して高いものではない。

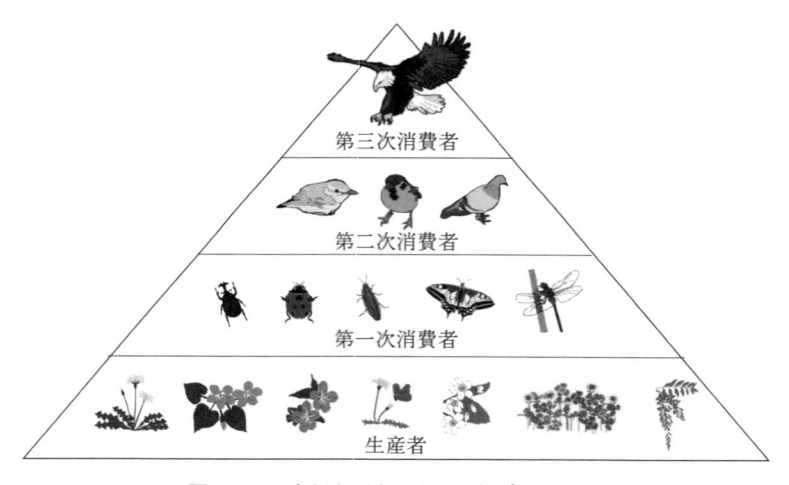

図3.4 猛禽類を頂点とする生態ピラミッド

　バイオマスに見られるこの傾向は，多くの場合，陸域生態系の個体数でみても成り立つ。その場合，高次の消費者となる動物ほど体が大きいことも，その理由の一つとなる。しかし，動物は，自分よりも体の大きな生物を餌とすることもあり，バイオマスやエネルギーで表す場合とは異なり，個体数はきれいなピラミッドをつくらないこともある。なお，水中では植物プランクトンのほうが動物プランクトンに比べて個体や細胞の生存期間が短いため，動物プランク

トンの現存量のほうが植物プランクトンの現存量よりも大きくなって，逆ピラミッド型になることがある。しかし，エネルギーの流れの量や生産力で示したピラミッドは熱力学第二法則に従い，逆の形をとることはない。それゆえに，エネルギーのピラミッドは生態系の構造を比較したり，個体群の相対的な重要性を評価したりするためのよい手段となる。

このような生態系におけるバイオマス，個体数，エネルギーの階層構造を模式的に示したものを**生態ピラミッド**（ecological pyramid）と呼ぶ。**図3.5**に各種生態ピラミッドの例を示す。

個体数ピラミッド		生産力ピラミッド	
三次消費者	7.4 ha	高次消費者	8.4
二次消費者	0.88×10^6 ha	一次消費者	120
一次消費者	1.75×10^6 ha	一次生産者	1 500
生産者	14.43×10^6 ha	太陽エネルギー	6.7×10^6 kJ/(m²·y)

10%

海洋プランクトンのピラミッド
動物プランクトン
植物プランクトン

植物プランクトンは1世代の時間が短く，短期間に成長しては消費者に捕食されたり死滅したりするため，逆のピラミッド型になることがある

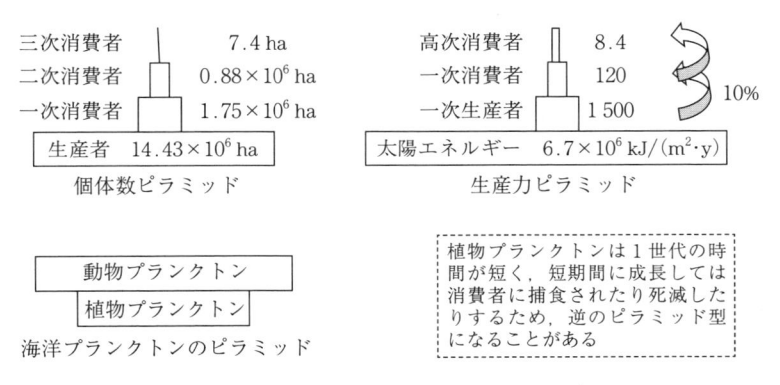

図3.5 さまざまな生態ピラミッドの例[6]

3.5 食物連鎖

いかなる生物においても，生存するためには外界からの栄養補給が欠かせない。例えば，肉食動物であるキツネは，野ネズミや野ウサギ，カエル，カタツムリなどを捕らえて食べており，草食動物である野ネズミや野ウサギは餌になる植物がなければ生きることはできない。自然界ではこうした「食うもの」と「食われるもの」のバランスがとれてはじめて安定した生態系が成り立つ。この「食う(捕食)/食われる(被食)」の関係を**食物連鎖**（food-chain）という（**図3.6**）。食物連鎖のうち，一次生産者（緑色植物）が草食動物に食べられ，つ

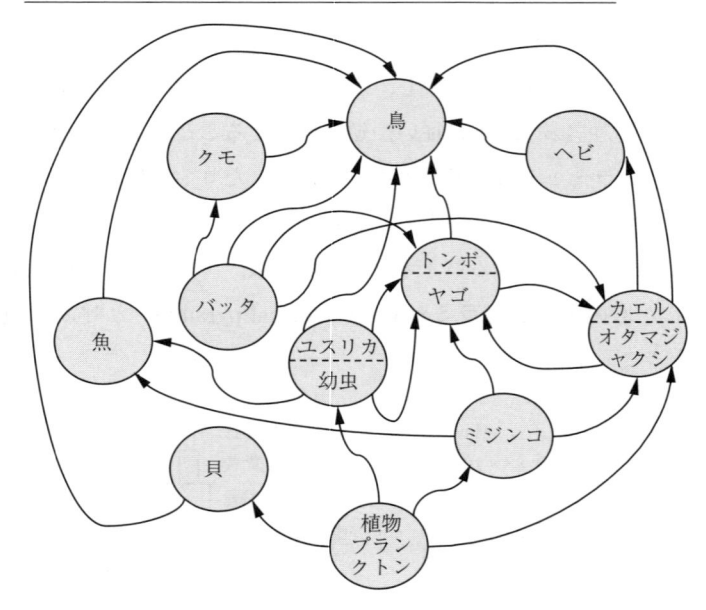

図 3.6 食物連鎖と食物網

づいてエネルギーがさまざまな段階の肉食動物に伝達される食物連鎖，つまり生きた生物だけで成り立つ食物連鎖を，**生食連鎖**（grazing food-chain）あるいは**生食経路**（grazing pathway）という。水域における，植物プランクトン→動物プランクトン→魚へとつながる食物連鎖は，生食連鎖の一つの例である。

一方，生きている一次生産者（緑色植物）が生食の草食動物によって消費されないような食物連鎖で，最終的にはリター（デトリタス）を形成し，そこで分解者（微生物）およびデトリタス食者が飼養され，引き続きエネルギーがさまざまな段階の肉食動物へと転換される食物連鎖，つまり分解者を介した食物連鎖を**腐食連鎖**（detritus food-chain）または**デトリタス経路**（detritus pathway）という。土壌中における，落葉落枝→ミミズ→ネズミ・モグラへとつながる食物連鎖は，腐食連鎖の一つの例である。

実際の生態系においては生食連鎖と腐食連鎖は明瞭に分かれるものではなく，複雑につながっていることが多い。生物群集内のすべての食物連鎖を総合すると図 3.6 に示すように網目状になることから，これを**食物網**（food web）

という。

　水界生態系においては，光合成生物である植物プランクトンやシアノバクテリアが細胞外に排出する溶存有機物などを栄養として従属栄養細菌が増え，これを原生動物が摂食するという食物連鎖が知られている。これは微生物が関与することから**微生物連鎖**（microbial food chain）といわれ，水界生態系の食物網において重要な役割を果たしている。

3.6　生態系におけるエネルギーの流れ

　すでにみてきたように，生態系におけるすべての生物の活動に必要なエネルギーの源は，太陽の光エネルギー（図 3.7）である。植物は，その光をクロロフィルなどの光合成色素によって吸収し，それを化学エネルギーに変換して，

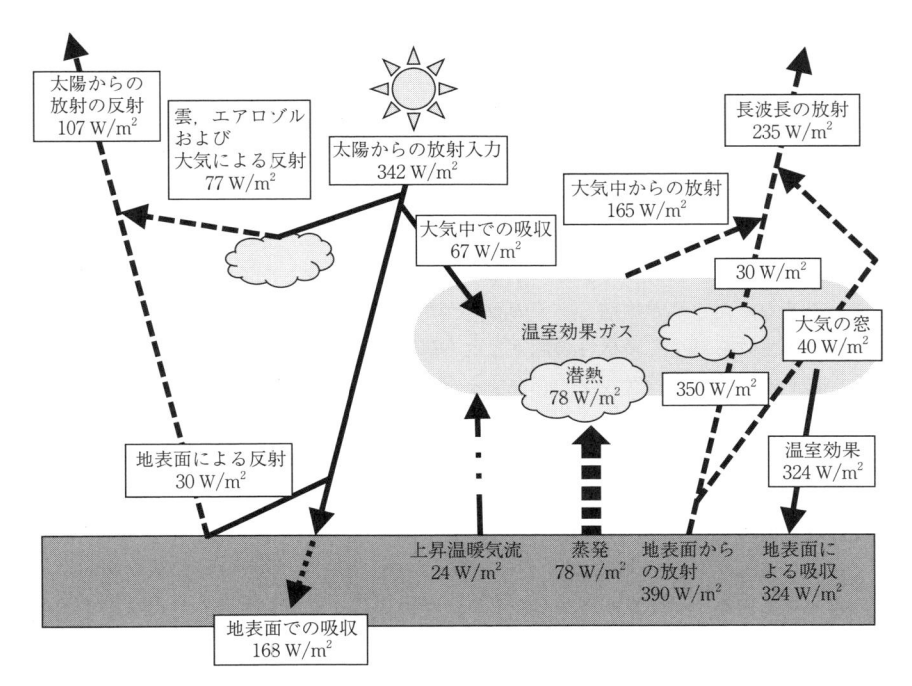

```
太陽からの放射の反射 107 W/m²
雲，エアロゾルおよび大気による反射 77 W/m²
太陽からの放射入力 342 W/m²
大気中での吸収 67 W/m²
大気中からの放射 165 W/m²
長波長の放射 235 W/m²
30 W/m²
大気の窓 40 W/m²
温室効果ガス
潜熱 78 W/m²
350 W/m²
温室効果 324 W/m²
地表面による反射 30 W/m²
上昇温暖気流 24 W/m²
蒸発 78 W/m²
地表面からの放射 390 W/m²
地表面による吸収 324 W/m²
地表面での吸収 168 W/m²
```

図 3.7　地球上での太陽エネルギーの流れ[7]

糖などの有機物に蓄える。その化学エネルギーが「食う/食われる」という関係の連鎖をたどってつぎつぎに他の生物に取り込まれ，それらの生物の活動エネルギーになる。エネルギーが取り出される際には，熱が発生する。より高次の消費者になるにつれて，生物が使えるエネルギーの量は減少していく。こうしたエネルギーの流れは川の流れのように一方向であることが大きな特徴になっている。

さて，太陽の光エネルギーを表す指標として太陽定数がある。これは太陽光と直角な面が受ける太陽放射エネルギーの単位面積当りの総量で，国によって

コーヒーブレイク

ラッコが守るケルプの森

アリューシャン列島はアメリカのアラスカ半島からロシアのカムチャッカ半島におよそ1900 kmにわたって延び，コンブやワカメ，ヒジキなどのケルプの森の広がる豊かな生態系をもっている。そこにはラッコも生息しており，古来より沿岸住民たちは貝やウニを食べラッコと共存していた。ラッコの肉は固くて食用には適さなかったが，毛皮の保温性が高く1800年初頭から乱獲され，絶滅が危ぶまれるまでになっていた。1960年代に生物学者ジェームス・エステスは，ケルプの森がある海域ではラッコが生息し，ケルプが生育していない禿山のような海域ではラッコの生息が認められなかったことを発見した。その観測からエステスは，ウニはラッコの好物であり，ラッコが乱獲され減少したことにより，捕食者のいなくなったウニが増殖し，そのウニがケルプを食べつくした結果，ケルプに依存する生物も減少し多様性の低下とともに海の砂漠化につながったと原因を明らかにした。つまり，ケルプの存在する海は，キーストーン種（6.2節の表6.4）であるラッコがウニを食べ，ウニがケルプを食べつくさないようにしている結果であるといえる。一見すると因果関係はないように思えるが，ある生態系における捕食者が人間によって駆除されると，その捕食者がエサにしていた生物が激増し，連鎖的にその生態系が破壊されるということになる。

保護により個体数の増えたラッコであったが，1990年代から再び減少傾向が認められている。ラッコが減少したのは，捕鯨によって食料を奪われたシャチが代わりに食べたからだという仮説が，関連する学会で大きな議論を巻き起こしている。

異なるが，わが国では $1.37\,\mathrm{kW/m^2}$（$1.96\,\mathrm{cal/(cm^2 \cdot min)}$）を用いている。太陽エネルギーの一部は大気圏で吸収され，地表面や海面に到達する割合は太陽定数の6〜7割とされている。このため，地表面や海面に達する太陽放射エネルギーは約 $1\,\mathrm{kW/m^2}$ とみなして差し支えない。地表に届いた太陽放射エネルギーは**表3.5**に示すように，30％が反射され，46％が直接熱に変換され，23％が蒸発や降雨のエネルギー源となっている。植物が行う光合成には0.8％の太陽放射エネルギーが使われている。

表3.5 地表に届いた太陽エネルギーの行方[5]

分　　類	数　値〔％〕
反　射	30
熱への直接の変換	46
蒸発・降雨	23
風，波，流れ	0.2
光合成	0.8

〔注〕　潮汐のエネルギー：太陽エネルギーの
　　　　　　　　　　　　約0.0017％
　　　陸地の熱：太陽エネルギーの約0.5％

演 習 問 題

【1】　つぎの文章の（　）内に適切な語句を記入し，説明文を完成させよ。

A　ため池は一つの生態系をもっている。ため池の中には水生植物や植物プランクトンなどの（①），動物プランクトンや魚などの（②），菌類や細菌類などの（③）の生物群集が存在している。

B　生産者（緑色植物）では（④）の一部は生産者自身の呼吸によって消費され，その残りは（⑤）になる。また，生産者の体の一部は枯葉などとして捨てられたり（（⑥）），消費者である動物に食われる（（⑦））ので，成長量はつぎの式のようになる

　　　　成長量 ＝ ⑪ − (⑦ ＋ ⑥)

C　消費者（動物）では，摂食した（⑧）から（⑨）を除いたものが体内に吸収される。

D　消費者の同化量からその動物自身の（⑩）を差し引いたものが，消費者の（⑪）である。

【2】 表3.6はさまざまな生態系における現存量（バイオマス）と純生産速度を乾燥重量で表したものである。それぞれの生態系における回転率と滞留時間を計算して空欄を埋めよ。

表3.6 各種生態系における現存量（バイオマス）と純生産速度

生態系（乾燥重量）		B [kg/m^2]	P_n [kg/(m^2·y)]	回転率 [/y]	滞留時間 [y]
熱帯雨林	植物	45	2.2		
	動物	0.019 4	0.015 3		
サバンナ	植物	4	0.9		
	動物	0.014 7	0.020		
外洋	植物	0.003	0.125		
	動物	0.002 4	0.007 5		
陸地全体	植物	12.3	0.77		
	動物	0.006 7	0.006 1		
海洋全体	陸地全体	0.01	0.152		
	陸地全体	0.002 8	0.008 4		

【3】 図3.8は，陸域（アメリカの草原）と海域（イギリスの海峡）におけるある生物の現存量を示したものである。両グラフを比較し，生産効率の違いについて述べよ。また，生食連鎖および腐食連鎖の観点から，それぞれの生態系の特徴を説明せよ。

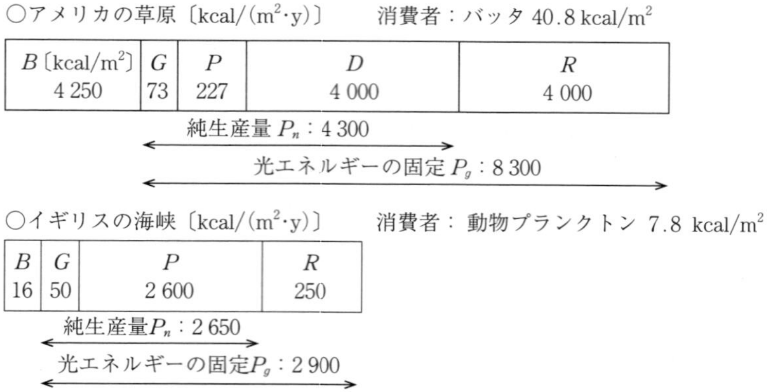

○アメリカの草原 [kcal/(m^2·y)]　　消費者：バッタ 40.8 kcal/m^2

B [kcal/m^2]	G	P	D	R
4 250	73	227	4 000	4 000

　　　　　←―― 純生産量 P_n：4 300 ――→
　　　　　←―――― 光エネルギーの固定 P_g：8 300 ――――→

○イギリスの海峡 [kcal/(m^2·y)]　　消費者：動物プランクトン 7.8 kcal/m^2

B	G	P	R
16	50	2 600	250

　　　←―― 純生産量 P_n：2 650 ――→
　　　←―――― 光エネルギーの固定 P_g：2 900 ――→

図3.8 陸域と海域の現存量比較[9]

【4】 陸上と水界の食物連鎖の関係について考察せよ。

【5】 生食連鎖と腐食連鎖の具体的な例を示せ。

【6】 太陽エネルギーと気象・海象との関連性について考察せよ。

【7】 地球の大気圏外で太陽の方向に垂直な面積 $1\,\mathrm{cm}^2$ の面が1分間に受ける太陽の放射エネルギーは 1.96 cal である。これを太陽定数という。効率 10% の太陽電池を使って 1 kW の電力をつくるには少なくとも何 m^2 の太陽電池が必要か計算せよ。

4

生態系における物質循環

　生態系の中では，生物と環境，そして生物間で物質やエネルギーのやり取りが絶えず行われている。生態系における物質循環は，エネルギーの流れとともに生態系の機能と構造を解明する上で重要である。本章では，物質循環の評価のために必要な物質収支と，生態系の中でも特に大きな動きがあり，生物の生存に欠かせない炭素，窒素，リンの元素に注目し，その循環過程と環境影響について解説する。

4.1　物質循環と物質収支

　地球生態系の中では，生物の多様な活動に伴ってさまざまな物質が循環している。図 *4.1* は生物の栄養段階を用いた生態系のエネルギーの流れと物質循環の概略を示したものである。物質としては無機物と有機物が対象となる。生産者である植物は太陽のエネルギーを利用して光合成を行い，有機物を生産し，その一部は消費者の食物連鎖を通じて生態系内を移動する。生産された有機物である落葉落枝や動物の糞や死骸は，最終的には微生物や細菌などの分解者により無機物となり再び生産者に戻る。このような物質の流れは，生態系における**物質循環**（materials cycling）と呼ばれる。これらの循環は，生体を構成する元素である炭素や窒素，リンなどとして，食物連鎖を通じて行われている。

　地球上の生物と生物が生息する範囲を示す概念として**生物圏**（biosphere）がある。生物圏は図 *4.2* に示す**気圏**（atmosphere），**水圏**（hydrosphere），**地圏**（geoshpere）を含んでいる。生態系における物質循環を考える場合，特に生物圏とこれを取り巻く環境の気圏，水圏，地圏との相互作用を理解すること

4.1 物質循環と物質収支

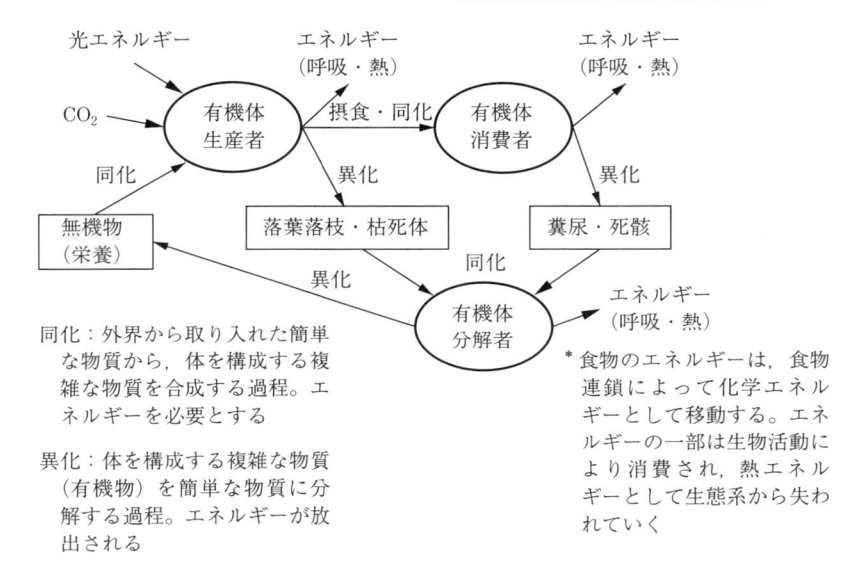

図4.1 生物の栄養段階を用いた生態系のエネルギーの流れと物質循環の概略

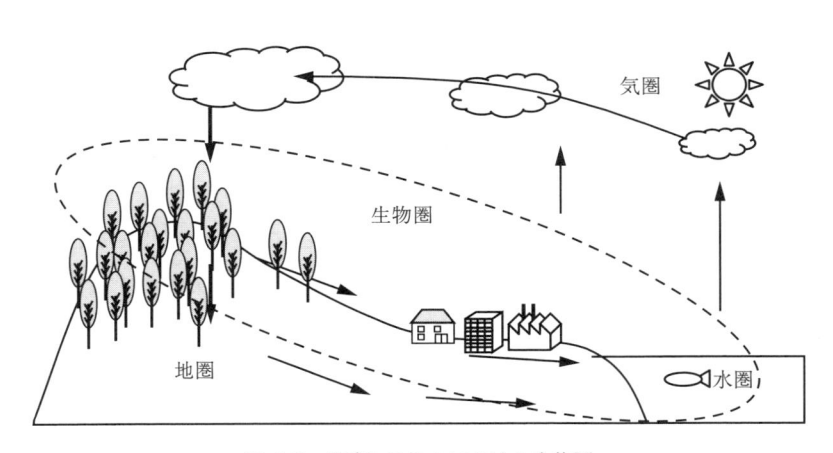

同化：外界から取り入れた簡単な物質から，体を構成する複雑な物質を合成する過程。エネルギーを必要とする

異化：体を構成する複雑な物質（有機物）を簡単な物質に分解する過程。エネルギーが放出される

＊食物のエネルギーは，食物連鎖によって化学エネルギーとして移動する。エネルギーの一部は生物活動により消費され，熱エネルギーとして生態系から失われていく

図4.2 地球システムにおける生物圏

が重要である。

　一般的に，明らかにしたい生態系の物質循環は，**物質収支**（material balance）を調べることで評価することができる。しかし，物質といっても多くの種類が生態系の中で存在しているので，対象とする物質について収支を個別に取り扱

4. 生態系における物質循環

う必要がある。さらに生態系の多くは開放系であるため，系外から流入した物質がその循環に取り込まれる過程（input）と循環から外れて系外へと流出する経路（output）が存在するので物質の収支は複雑なものとなっている。**図4.3**に農地における物質収支の概念図を示す。農地では生産された有機物が系外に運び出される一方で，系外から肥料，飼料，農薬などさまざまな物質が持ち込まれている。

```
                    input    降水
                      ↓
        input  ┌──────────────────┐  output
  系外    ⇒   │ 農地（農耕地生態系）│   ⇒
  用水, 肥料, 農薬│  水，炭素，        │ 地表排水, 農作物
              │  窒素, リンなど    │
              └──────────────────┘
                      ↓
                   output   地下浸透
```

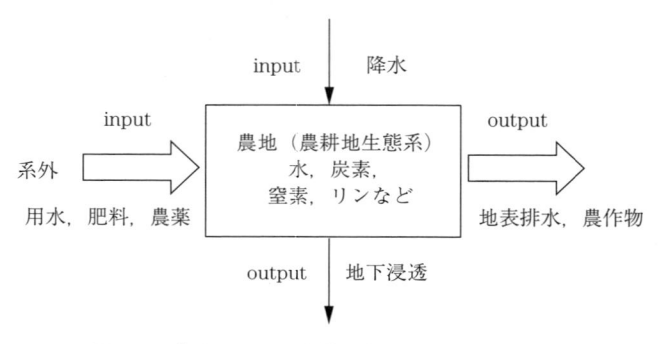

図4.3 農地における物質収支の簡略化した概念図

　物質循環の収支にはつぎの三つのパターンが存在する。多くの自然界においては，(1) 生態系への流入量と生態系からの流出量が釣り合っている場合（input＝output）で，対象とする物質に関して物質循環の経路，方向，変化率や濃度などがほぼ一定で安定な系であり，生態系への物質の蓄積や流出がほとんどない。しかし，なんらかの理由で，(2) 生態系への流入量が生態系からの流出量を上回る場合，input＞output となる。この場合，対象としている物質は生態系に蓄積される。例えば，未発達な森林では，土壌中に有機物や無機塩類が蓄積される状態である。閉鎖性の強い水域では，有機物や栄養塩が蓄積されると富栄養化とそれに伴う有機汚濁が問題となる。また，(3) 生態系への流入量が生態系からの流出量を下回る場合（input＜output）は，対象とする物質は生態系から流出し，蓄積量が減少する。森林伐採を行うと，露出した地表に蓄積されていた水や栄養塩類が流出し，蓄積量が減少する。また，伐採された木材自体も有機物として生態系外へと持ち出されることになる。

4.1 物質循環と物質収支

　生物の作用が関与する生態系への物質の流入と流出の過程のいくつかの例を挙げる。大気が生態系に取り込まれる過程としては，植物の光合成による炭酸同化作用が代表的なものである。また土壌においてはマメ科植物と共生する根粒細菌による窒素固定がある。大気から降下物として物質が流入される過程には**湿性降下物**（wet deposition）と**乾性降下物**（dry deposition）とがある。湿性降下物は大気中の浮遊物質を核として成長し，雨，雪，霧などになる。酸性雨は，化石燃料の燃焼や火山活動により放出された窒素化合物 NOx や硫黄化合物 SOx が大気中の光化学反応により，硝酸や硫酸となって降雨に溶け込んだものであり，国境を越えて影響を及ぼす地球環境問題の一つとなっている。乾性降下物は**エアロゾル**（aerosol）とも呼ばれ，いわゆる大気中に浮遊する塵や灰などが降下したものである。地圏では岩石が物理的・化学的な風化作用を受けて，溶出した物質を栄養塩として植物が利用する。土壌中の生物の活動により化学的風化作用がさらに促進され，土壌を豊かにすることにつながる。この他，河川の氾濫による物質の流入や，農地における肥料や物質の燃焼などによる人為的な物質流入過程もある。

　生物作用が関与する生態系からの物質の流出過程に関しては，**表4.1**に示すように，呼吸による二酸化炭素の放出，還元土壌からのメタンの発生，**脱窒作用**（denitrification）での窒素の放出など，気体として生態系外への流出経路がある。水域においては，湖沼などの閉鎖性水域に蓄積した栄養物質が流出する過程，土壌においては，窒素を過剰施肥すると土壌細菌による脱窒作用によって大気中に窒素ガスが放出される過程などがある。

表4.1　生物作用の関与する主な物質の流入過程と流出過程

生物の作用	流入過程と流出過程
植物による光合成	大気中の炭素，土壌の窒素，リンなどの物質の取込み
細菌による窒素固定	大気中の窒素の固定
生物の呼吸	炭素の放出
微生物による分解	有機物を分解して大気，土壌，水域に物質を放出

4.2 水 の 循 環

　水は生命を維持する上で欠かすことのできない存在で，人間の体の60%以上を占めている。地球上で水は海や湖，河川や地下水，氷，雪，水蒸気といった形で存在し，**図4.4**のようにその97.5%が海水である。残り約2.5%の淡水のうち約70%は氷河などの氷であり，簡単に利用することはできず，われわれ人間が使用可能な水量は0.01%程度と見積もられている。

淡水
約0.35億 km^3
2.53%

氷河など
約0.24億 km^3
1.76%

地下水
約0.11億 km^3
0.76%

海水
約13.51億 km^3
97.5%

地球上の水の量
約13.86億 km^3

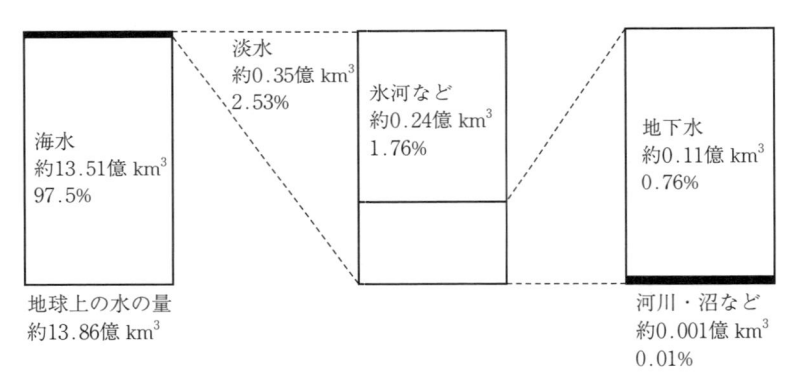

河川・沼など
約0.001億 km^3
0.01%

図4.4 地球上の水の量

　しかし，実際には**図4.5**に示すように，使用した水は水域から蒸発して雨となって戻ってくる循環資源である。水の循環は，太陽放射による熱が海水や地表の水を温め，大気中へと蒸発させることから始まる。水蒸気は大気中を漂う塵や灰などを核として成長し，大気成分の微量物質を取り込んで，雨となって地表に降り注ぐ。地表では，植物や土壌に吸収されるものもあれば，土壌に浸透し地下水となり，河川や湖沼を通じて海へ流れ込み，再び蒸発する。このような地域的あるいは地球規模での水循環は，砂漠の拡大や気温の変動などと相互に影響し合っている。また，こうした水の循環は，これに伴って生じる炭素，酸素，窒素，リン，硫黄といったさまざまな物質の循環に大きく関わっている。

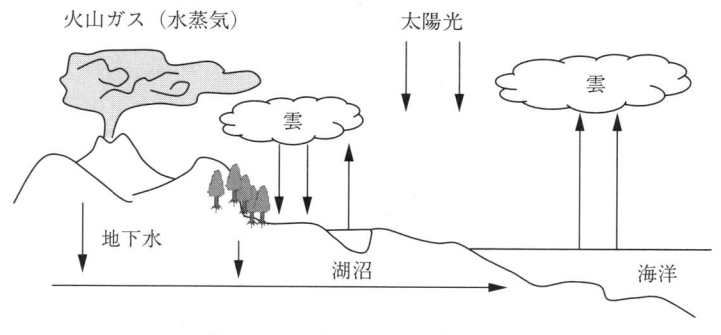

図4.5 地球上における水の循環

4.3 炭素の循環

　炭素は有機物を構成する重要な元素であり，炭素を中心とする炭水化物，タンパク質，脂質の化合物は生命活動のエネルギーの三大栄養素となっている。これらの炭素は生物体の乾燥重量当りにして40〜50%を占めている。

　大気中の二酸化炭素（CO_2）は，植物の光合成により有機物中の炭素として固定され，その一部は，食物連鎖を通じて動物や微生物にも取り込まれる。固定された有機物は，光合成生物自身の呼吸や，動物や微生物の呼吸によって再び大気中に放出される。この他，**表4.2**に示すような，嫌気的環境下での微生物の分解作用による生物反応もある。

表4.2 炭素の循環に関わる主な生物作用

生物作用		物質の変化
光合成		$CO_2 + H_2O \rightarrow CH_2O + O_2$
呼吸		$CH_2O + O_2 \rightarrow CO_2 + H_2O$
嫌気性呼吸	硫酸還元	$2CH_2O + SO_4^{2-} \rightarrow 2CO_2 + 2H_2O + S^{2-}$ 硫酸還元菌による
	メタン発酵	$CH_3COOH \rightarrow CH_4 + CO_2$ $CO_2 + 4H_2 \rightarrow CH_4 + 2H_2O$ メタン生成菌による

4. 生態系における物質循環

地球上における炭素の循環を**図 4.6**に示す。炭素は炭酸塩の形で海洋に最も多く存在し，ついで生物由来の土壌有機物として土壌圏，大気中には主として二酸化炭素として存在している。図のように炭素は，陸上と海域に存在する炭素は大気を経由して，一つの生態系の中にとどまることなく地球全体で循環している。炭素のやり取りには光合成が大きく関与しており，陸上の植物は光合成により大気中の二酸化炭素を吸収し，呼吸によって二酸化炭素を排出している。このやり取りにおいて約13億トンが有機物として固定されている。海洋においては，大気中の二酸化炭素は水中に二酸化炭素（$CO_2(aq)$），炭酸イオン（CO_3^{2-}）あるいは重炭酸イオン（HCO_3^-）の形で溶け込み，生物に吸収され，過剰な炭酸イオンは二酸化炭素の形で放出されている。このやり取りにより海洋に約20億トンが吸収されている。

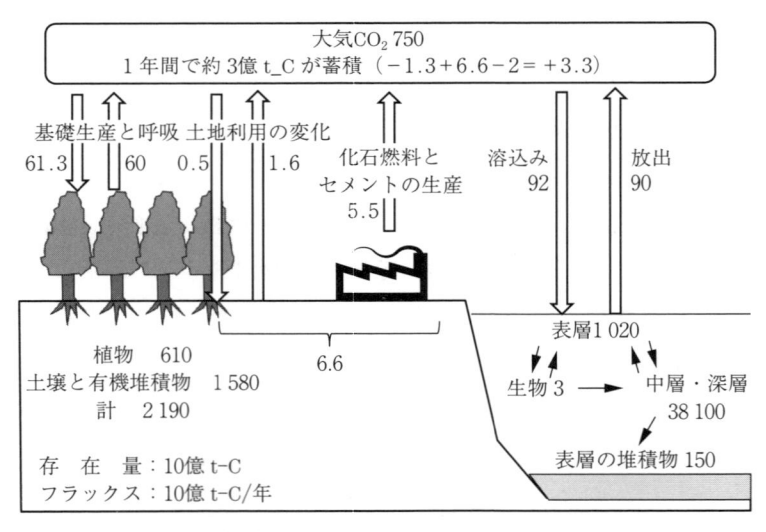

図 4.6 地球的規模の炭素の分布と循環（平成9年度版環境白書を改変）

こうした陸上生態系と海洋生態系の間での炭素循環の他に，化石燃料の燃焼に伴う二酸化炭素の排出と二酸化炭素の吸収に寄与する森林の喪失など，人間活動によって大気中の炭素を約66億トン排出させていると考えられる。陸上生態系，海洋生態系と人間活動による吸収と排出を差し引くと，年間約33億

4.4 窒素の循環

　窒素は炭素と同様にタンパク質や核酸などを構成する元素として生物には不可欠である。木本(樹木)の乾量に0.1%程度，草本や動物に1〜10%程度，微生物に5〜15%含まれる。大気中の約78%(体積比)を占める気体の窒素ガス(N_2)は植物も動物も直接利用できない。窒素ガスは，マメ科植物の根に棲む根粒菌やシアノバクテリアなど限られた微生物によって窒素化合物として固定されている。動物は，他の動物や植物を摂食することで窒素化合物を摂取している。

　窒素は**図4.7**のように地球規模で循環している。固定化された窒素化合物は食物連鎖の経路をたどり，その分解の過程では微生物が大きな役割を果たしている(**表4.3**)。動植物の死骸に含まれるタンパク質や排泄物の腐敗によって生じるアンモニアは，好気的環境下でアンモニア酸化細菌(亜硝酸細菌)，亜硝

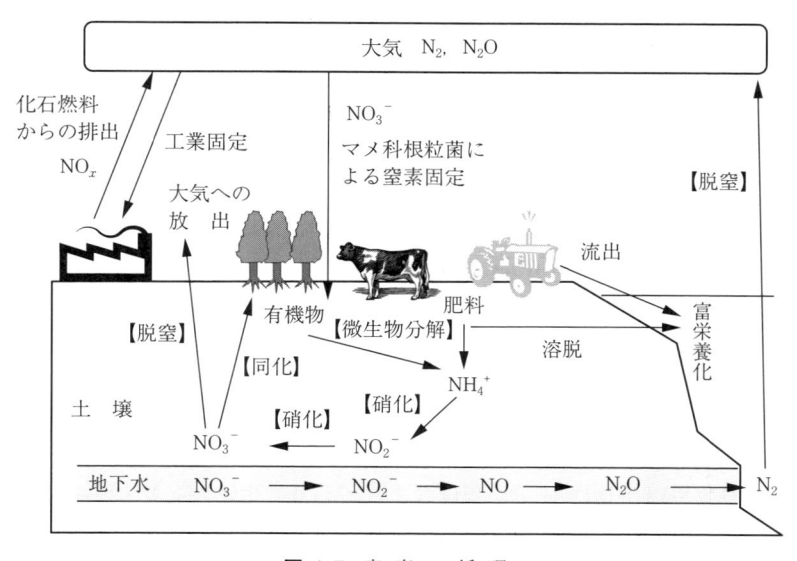

図4.7 窒素の循環

表 4.3 窒素の循環に関わる主な生物作用

作　用	物　質　の　変　化
窒素固定 (nitrogen fixation)	$N_2 + 3H_2 \rightarrow 2NH_3$ 細菌・シアノバクテリア
硝　化 (nitrification)	$NH_4^+ + (2/3)O_2 \rightarrow NO_2^- + H_2O + 2H^+$　アンモニア酸化細菌 $NO_2^- + (1/2)O_2 \rightarrow NO_3^-$　亜硝酸酸化細菌
脱　窒 (denitrification)	$NO_3^- \longrightarrow NO_2^- \longrightarrow N_2$ 硝酸還元酵素（NAR）　亜硝酸還元酵素（NIR）

酸酸化細菌（硝酸細菌）の働きによって亜硝酸を経て硝酸まで酸化される。窒素のうち植物が直接利用できるのはアンモニウムイオン（NH_4^+）と硝酸イオン（NO_3^-）である。植物に利用されなかった硝酸の一部は嫌気的環境下で脱窒細菌によって利用され，気体の窒素として大気中に還元されている。農耕地において窒素化合物が不足すると窒素肥料を撒くが，大量に施肥された窒素肥料が地下水の硝酸性窒素汚染，閉鎖性水域の富栄養化を引き起こす原因となっている。

この他，化石燃料などの燃焼で生じる窒素化合物が大気中に放出されることで，都市部の窒素酸化物による光化学オキシダントの大気汚染や，酸性雨あるいは粒子状の降下物として地表に降り注ぎ，環境問題を引き起こしている。

現代社会においては国内にかぎらず海外との関係の中で，わが国は大量の食糧と飼料を外国から輸入しており，そのほとんどが国内で消費されている。これに伴い排出される大量の窒素が国内に蓄積され，物質循環のバランスを崩している。

4.5　リンの循環

リンは，遺伝情報を担う DNA（deoxyribonucleic acid，デオキシリボ核酸）や生体のエネルギー物質である ATP を構成する他，脊椎動物などの骨の成分である，など生物に不可欠な元素である。木本の乾量に 0.01% 程度，草本に 0.3%，動物や微生物に 1～3% 程度含まれており，生物が必要とするリンの量は炭素や窒素に比べてごく少量である。このため生態学において，リンは環境

における重要な制限要因とみなされている。

　生態系におけるリンの循環の概略を**図4.8**に示す。自然界のリンは単体の形で存在せず，リン酸カルシウムなど他の物質と化合した形で存在している。また，基本的に比重が重いため，土中や海中でも低いところにたまりやすくなる他，降雨により流出したリンは山から川を経て海の底に堆積する一方的な動きとなる。しかし，海底に堆積したリンは海洋の湧昇流により表層に運ばれてくる。その表層ではプランクトンが増殖し，それを魚が食べ，さらに魚を鳥が食べ，そして鳥が地上で糞をして再び陸にリンが戻るという循環のルートを形成している。このような食物連鎖の過程でリンは生物濃縮され，鳥の糞には高い濃度のリンが含まれている。この他にも，シャケのように河川に戻る魚をクマが捕食して陸地に戻ってくるような循環もある。

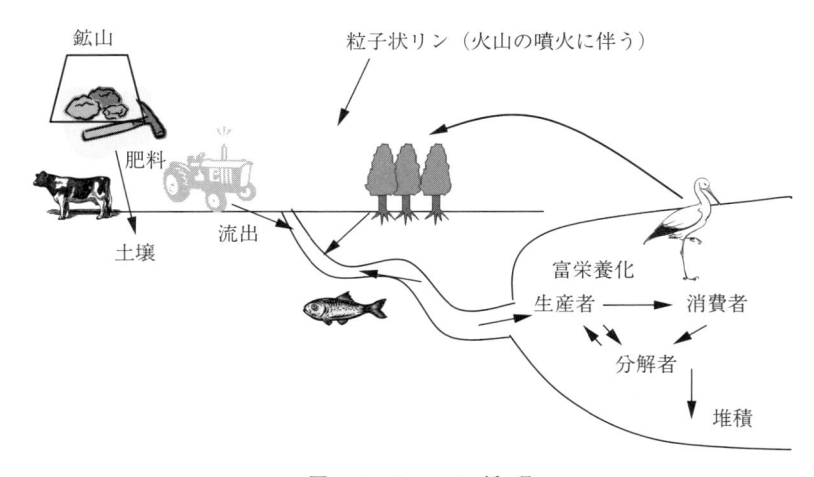

図4.8 リンの循環

　リンはもともと陸上や水界生態系などの環境中でもたいへん少ない元素であるが，生物の利用しやすいリン酸塩の形で存在する量はさらに限られている。このため水域においてリンが不足すると貧栄養化となり，一次生産に大きく影響を与えることになる。農耕地では肥料として窒素，カリウムとともにリンが多く施肥されている。このうち作物の成長に利用されずに土壌中に残ったもの

は，河川を通じて湖，内湾に流入し蓄積する。この結果，湖沼や内湾などの閉鎖的な水域では富栄養化が生じ，植物プランクトンなどが増加して有機汚濁が進行することになる。

世界の人口増加に伴う穀物需要の増加により，化学肥料の原料となるリンの消費量が増大している。しかし，人間が利用できるリンの資源量は限られ，枯渇も懸念されている。これを避けるためにはリンを効率的に再利用し，循環させる新たな仕組みが必要である。

┃コーヒーブレイク┃

生物が水質を変える

水質項目の一つである pH は温度とともに水や土壌中の化学変化，生化学的な変化の制限要因ともなっており，最も基本的な水質項目である。ダムや湖沼などに窒素やリンが流入し，富栄養化が進むと，それに伴い植物プランクトンが増加する。このとき，pH が上昇し 9.0 を超えるアルカリ性になることがある。この pH の上昇は増殖した植物プランクトンや藻類の光合成に起因している。光合成は式 (A) で表される。

$$6CO_2 + 6H_2O + 光エネルギー \rightarrow 6C_6H_{12}O_6 + 6O_2 \tag{A}$$

水中では H_2O は十分に存在するが，二酸化炭素 CO_2 だけでは不足するので，水中の炭酸水素イオン（HCO_3^-）を炭素源として利用している。大気から CO_2 が水に溶けると炭酸（H_2CO_3）となり，重炭酸イオン，炭酸イオンと変化し弱酸性を示す。これらの関係は式 (B) のようになり，平衡関係が成り立っている。

$$CO_2(aq) + H_2O \Leftrightarrow H_2CO_3 \Leftrightarrow HCO_3^- + H^+ \Leftrightarrow CO_3^{2-} + 2H \tag{B}$$

$CO_2(aq)$ が光合成により利用され減少すると，それを補うように式 (B) は左方向に反応し，水素イオン H^+ が減少し pH が上昇する。一方，植物は光合成と同時に呼吸を行っているので CO_2 を排出していることになるが，日中は光合成が呼吸をはるかに上回っているので pH は上昇する。夜間は光の供給がないので呼吸のみとなり，pH は低下する傾向にある。ここでは炭素を取り上げたが，窒素に関しても本文中の表 4.3 の中に示すように，亜硝酸菌の生物酸化反応の際に水素イオンが生成され，pH が低下する。

水域の水の pH の変動要因は，流入水，雨水，地下水などによるものもあるが，特にダムや湖沼といった閉鎖的な水域においては生物の関わる作用が多く関わっている。

演 習 問 題

【1】 生物圏（bioshare）とはなにか簡単に説明せよ。

【2】 生態系への物質の流入量と流出量が釣り合っている場合，生態系への流入量が生態系からの流出量を上回る場合，生態系への流入量が生態系からの流出量を下回る場合，それぞれの具体例を調べよ。

【3】 図 4.9 は窒素の物質循環の一部を模式化したものである。生物が関連する①と②の作用はなにか答えよ。また，四つの形態の窒素のうち強い毒性を有するものはなにか答えよ。

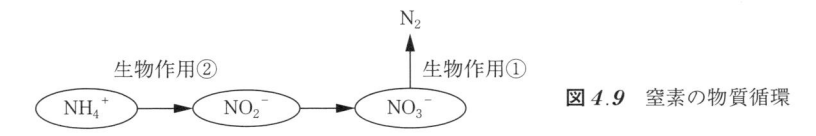

NH_4^+ →(生物作用②)→ NO_2^- → NO_3^- →(生物作用①)→ N_2

図 4.9 窒素の物質循環

【4】 陸域での炭素と窒素の循環には，特に大気からの取込みにおいて違いがある。この炭素と窒素の循環について説明せよ。

【5】 工場排水，生活排水や農地の肥料などが大量に湖沼や海に流入した場合，その水域ではどのような影響があるか説明せよ。

5

生 物 多 様 性

　本章では，まず生物多様性の三つの視点，すなわち生態系の多様性，遺伝子の多様性，種の多様性について解説する．つぎに，生物多様性を確保するための国際条約（生物多様性条約）や具体的指針（生物多様性国家戦略）について説明する．最後に，生物多様性を脅かす種の絶滅に関する事項について学習する．

5.1 生物多様性とはなにか

　この地球上には175万種を超える多種多様な生物が生息しているとされるが，30数億年前にさかのぼれば，共通の祖先にたどり着く．**生物多様性**（biodiversity）とは文字どおり地球上に生存する生命の多様さをいい，自然環境の豊かさを表す用語である．

　現在，地球上に生息・生育する膨大な生物の種は，太古の海中で誕生した生命が長い時間をかけてさまざまに進化してきたかけがえのないものである．これらの多様な生物の活動が，今日の生態系をつくり出している．したがって，生物多様性は，一義的には生物群集の多様性にほかならない．これは，種数と種の分布により評価される概念で**種の多様性**（species diversity）と呼ばれる．つまり，生物群集の中にどれほどの種が存在するかという概念である．

　一方，種内の多様性として**遺伝子の多様性**（genetic diversity）を挙げることができる．遺伝情報が個体間で均質であると，**劣性形質**（recessive trait）が発現しやすくなる．劣性形質には個体にとって致命的な形質を発現するもの

もあり，遺伝子の多様性が低くなると個体群が絶滅する危険性が増す。個体間での遺伝子の変異が大きければ，急激な伝染病の拡散や環境変化が起こったとしても，一部の耐性をもった個体が生残し，種は存続することが可能である。これに対し，クローン羊のようなすべて同一の遺伝子構成をもった個体群の場合は，環境が耐えうる範囲を超えた場合に，すべての個体が等しく死滅し，種として絶滅する可能性が高い。したがって，遺伝子の多様性は生物種の存続にとって不可欠な要素であるといえる。

生態系を構成する種の多様性が増すにつれて，関係の多様性はその何倍にも増し，複雑な網目状の構造をとる。そのようなシステムである生態系の種類の多様さが，**生態系の多様性**（ecosystem diversity）である。例えば，里山や里地にみられるように，樹林・草原・池沼といった異なる性質の生態系が多く組み合わされているほど生態系の多様性は高い。多様な生態系が集まることで，そこに暮らせる生物の種類も，われわれが受ける衣食住や景観，文化などの恩恵も増えることにつながり，持続可能で生物多様性の保全に適した共生システムが構築される。

このような種レベル，遺伝子レベル，生態系レベルからなる生物多様性は，生態系の健全性を支え，豊かな生態系サービスを持続させていく基盤となり，われわれにとってもその保全は重要なものになっている。最近では，医薬品の原料，農作物の改良など資源活用の面からも着目されており，人類の共通財産として，その利用について国際的にも多くの議論がなされている。

この地球上に存在する多種多様な生物との共生は，私たちにさまざまな恩恵をもたらしてくれる。生物多様性がもたらす価値には，使用的価値，非使用的価値，生態系の機能からもたらされる価値がある。

使用的価値は，医薬品や燃料，遺伝子資源など直接的に有用な価値や有用物をもたらすもので，経済的な価値に置き換えることができるものである。

これに対し，非使用的価値とは，人間の精神生活で尊重される価値で，野鳥観察，エコツーリズム，観光などへの資源，そして学術的資源，アニミズム（自然信仰）の対象としての価値などがある。

また，生態系の機能からもたらされる価値としては，酸素の提供，大気・水の浄化，デトリタスの分解，汚濁物の分解などがある．

5.2　生物多様性の危機

　生物学的に同定されていないものも含めると，この地球上に存在する生物は1 000万種を超えるといわれている．しかし，近年このような生物種の絶滅がかつてないスピードで進行している．

　2001年から2005年にかけて国連環境計画（UNEP）によって行われた「ミレニアム生態系評価」によれば，最近100年間の生物種の絶滅速度は，化石記録などから算出された過去の絶滅速度の最大1 000倍を超えることが指摘されている．また，これを放置すれば，近い将来，現在の10倍の絶滅速度となって生態系を劣化させ，生態系サービスの低下を招き，現在だけでなく将来世代が得るべき利益を大幅に減少させるおそれがあることも指摘されている．

　生物多様性の根幹は種の多様性であり，種を絶滅させないことが生物多様性の保全の使命となる．そのためには，きわめて生物多様性が高い生態系であるにもかかわらず，その生態系が脅かされている地域を保全することが効率的であると考えられている．こうした地域は，過去に種分化の中心となったところや，氷期の間より温暖な環境に適応した種が小規模に分布していた**レフュージア**（refugia，避難場所という意味）と呼ばれる，生物地理学や進化学上きわめて重要と認められるエリアを指すことが多い．

　実際にいま世界中では多くの野生生物が絶滅の危機に瀕している．現代は，地球史上で6度目，恐竜が絶滅して以来の生物大絶滅時代に入ったとさえいわれている（**図5.1**）．野生生物の絶滅原因は，無秩序な生息環境の破壊や悪化，乱獲，外来種の影響，餌不足，農作物や家畜に対する被害防止のための駆除，偶発的な捕獲などである．このうち生息環境の破壊・悪化については熱帯雨林，サンゴ礁，湿地などにおける環境破壊が深刻である．

5.2 生物多様性の危機

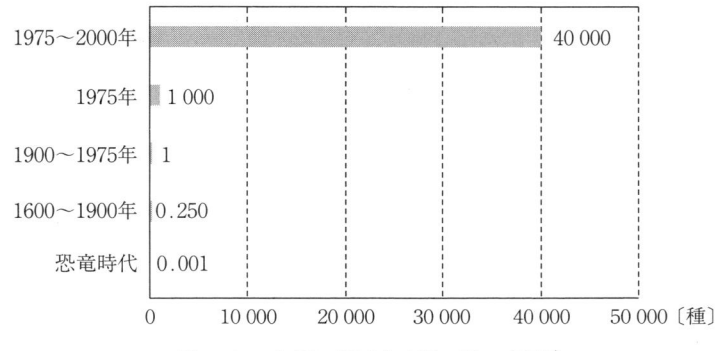

```
1975～2000年  ████████████████████████ 40 000
      1975年  █ 1 000
 1900～1975年  | 1
 1600～1900年  | 0.250
     恐竜時代  | 0.001
              0    10 000   20 000   30 000   40 000   50 000 〔種〕
```

図 5.1 1 年間に絶滅する種の数の変遷[1]

現在，野生生物種の減少が最も進行しつつあるのはアフリカ，ラテンアメリカ，東南アジアといった熱帯地域である。

熱帯林は，焼畑移動耕作によって繰り返される火入れや，農地への転用，過剰な薪炭材の採取，無秩序な用材の伐採などが直接的な原因となって減少している。これらは，貧困，貧しい土地利用政策，不適切な開発および急激な人口増加など，われわれ人間の活動によりもたらされるところが大きい。

なお，地域に維管束植物の固有種が 1 500 種以上生育し，高い生物多様性を有する一方で，自然植生が 70% 以上損なわれていて破壊の危機に瀕している地域のことを**生物多様性ホットスポット**（biodiversity hotspot，**図 5.2**）という。1988 年に保全生物学者のノーマン・マイヤーズによって提唱された。世界で 25 の地域がこの条件を満たしており，その他九つの地域がその条件を満たす可能性があるとされている。これら地域だけで全世界の植物・鳥類・哺乳類・は虫類・両生類の 60% が存在しており，絶滅が危惧されている種も多く存在している。わが国もその一つに入っているとされる。このホットスポットは，地球の表面積のわずか 2.3% であり，人口が集中する地域を多く含むことから，開発の圧力が高いことがうかがえる。

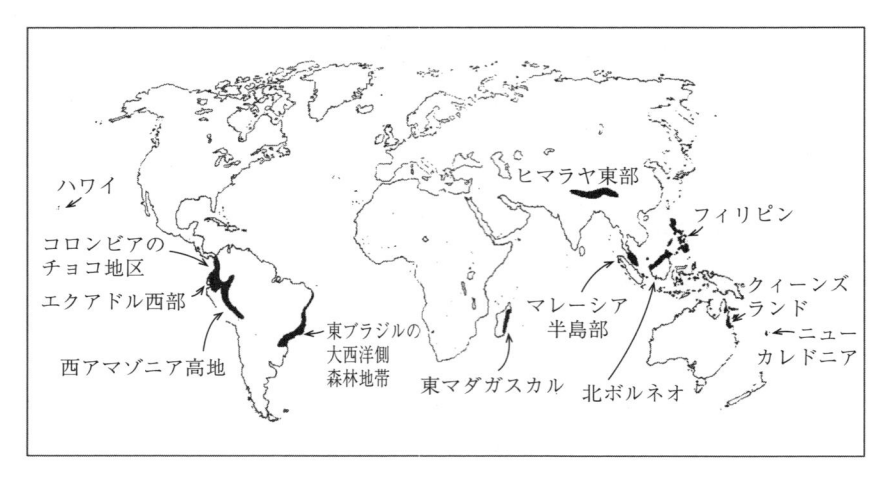

図 5.2 生物多様性ホットスポット（松本忠夫 編著：改訂版 生命環境科学Ⅰ　生物多様性の成り立ちと保全，放送大学教育振興会 (2010) より転載）

5.3　生物多様性条約と新・生物多様性国家戦略

　1992 年の**地球サミット**（Earth Summit）で提案された**生物多様性条約**（Convention on Biological Diversity, **CBD**）は，生物多様性の保全と持続可能な利用を目標としている。現在では 190 ヵ国以上の国がこの条約に加わり，自国の生物多様性を保全することに努めている。同条約ではそれぞれの国が「国家戦略」を策定し，国をあげてこれに取り組むこととしている。

　日本では 2002 年にそれまでの**生物多様性国家戦略**（Biodiversity action plan）を見直し，なにが生物多様性を脅かしているのか，その危機の原因や背景を明確にし，それを解決するための方針を盛り込んだ。すなわち，わが国の生物多様性が置かれた危機の現状認識を基に，「保全の強化」，「自然再生」，「持続可能な利用」という三つの施策の基本方針を明らかにし，テーマ別の施策の基本方針と具体的な取組みの方向を示した。この生物多様性国家戦略は 2007 年に再度見直され，第 3 次生物多様性国家戦略に改定された。**図 5.3** にその概要を示す。

5.3 生物多様性条約と新・生物多様性国家戦略　83

```
┌─────────────────────────────────────────────────┐
│           命と暮らしを支える生物多様性             │
│  1) 全生物の存立基盤…酸素の供給/豊かな土壌の形成など  │
│  2) 将来も有用な価値…食物/木材/医薬品/品種改良など   │
│  3) 豊かな文化の根源…地域の風土に基づいた自然観の育成 │
│  4) 生活の安全性確保…災害の軽減/食べ物の安全確保など  │
└─────────────────────────────────────────────────┘
┌─────────────────────────────────────────────────┐
│            危機を回避するための課題               │
│  第一の危機…開発や乱獲による種の減少・絶滅/生息地の減少 │
│  第二の危機…里山などの手入れ不足からくる生態系の変化   │
│  第三の危機…外来種の持込みなどによる生態系の変化や乱れ │
└─────────────────────────────────────────────────┘
┌─────────────────────────────────────────────────┐
│              長期的視点と地域の重視               │
│  1) 100年後の国土に焦点を合わせてグラウンドデザインを作成 │
│  2) 「自然共生社会」をつくるために地方や企業に参画を促す │
└─────────────────────────────────────────────────┘
                        ⇩
┌─────────────────────────────────────────────────┐
│                 四つの基本戦略                   │
│  1) 「生物多様性」のコンセプトを社会に浸透させる     │
│  2) 地域ごとに人と自然の関係を見直して再構築する     │
│  3) 森や林/田園地帯/川/海のつながりを確保する       │
│  4) 地球規模の大きさの視野に立ち具体策を実行する     │
└─────────────────────────────────────────────────┘
```

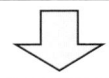

図 5.3　「第3次生物多様性国家戦略」の概要[2)]

本国家戦略ではわが国の生物多様性が今日直面している問題を「三つの危機」に分類するとともに，地球規模で生じる地球温暖化による影響についても指摘している。

<u>第一の危機</u>とは，ペットや観賞用としての野生生物の乱獲，開発や汚染による生息・生育環境の破壊・悪化など，人間活動に伴う負のインパクトにより，日本に生息する種の多くが絶滅の危機に瀕していることである。例えば，貝類などの小動物に富み，魚類，シギ・チドリなどの鳥類の重要な餌場となっている干潟は，戦後の急速な埋立てなどにより，50年間で約4割が消失したといわれている。

<u>第二の危機</u>とは，雑木林や農耕地，草原などでは，ライフスタイルの変化によって間伐や落葉の採取，採草など，昔から続けられてきた持続的な利用が行

われなくなってきたことで，かえって生物多様性のバランスが崩れてきていることである．例えば，人為的な干渉によって維持され本来多様な生物が生息している里地里山や二次草原の生態系の劣化が進み，カタクリなどの明るい林を好む植物や草原性のチョウ類など，これらの環境に特有の動植物が減少している．

第三の危機とは，もともとその地域に生息していなかった生物が人の手によって持ち込まれた**外来生物**（invasive alien species）による在来種の捕食，交雑，環境攪乱などのさまざまな影響や化学物質が生態系に及ぼす影響など，本来の生態系に存在していなかったものが持ち込まれたことにより引き起こされるものである．例えば，ハブを駆逐する目的で沖縄本島に持ち込まれたジャワマングースは，ヤンバルクイナなどの希少野生生物の捕食者として大きな脅威になっている．

これらの危機と地球規模で生じる地球温暖化の影響が重なり合って，しばらく前までは普通に見られた身近な動植物（これを**普通種**（common species）という），例えばメダカやキキョウまでが絶滅の危機にさらされている．かつての日本列島には，それぞれの場所にふさわしい豊かな自然が残されていたが，その豊かさが失われるとともに，人と自然との関わりも次第に疎遠になっていた．

こうした危機を乗り越えるため，第3次生物多様性国家戦略（2007）では，絶滅防止と生態系の保全，里地里山の保全，自然の再生，外来種対策，市民参加・環境学習，国際協力などの目標を掲げている．

5.4 レッドデータブック

国際自然保護連合（IUCN）では，種の絶滅の危険性を基に，絶滅のおそれのある種（通称，絶滅危惧種）を選定し，カテゴリー区分している．それによるとすでに絶滅したと考えられるものを**絶滅種**（EXtinct，**EX**），飼育・栽培下でのみ存続しているものを**野生絶滅種**（Extinct in the Wild，**EW**），最も危険性の高いものを**絶滅危惧IA類**（CRitically endangered，**CR**，10年または3世代以内に50％以上の確率で絶滅する可能性があるもの）とし，これに次い

で**絶滅危惧ⅠB類**（ENdangered，**EN**，20年または5世代以内に20%以上の確率で絶滅する可能性があるもの），**絶滅危惧Ⅱ類**（critically VUlnerable，**VU**，100年以内に10%以上の確率で絶滅する可能性があるもの）の三つの基準を設けている。

これを基にして，国や都道府県などさまざまな単位で**レッドデータブック**（Red Data Book，希少野生動植物リスト）がつくられている。例えば，環境省第4次レッドリスト（2012）によると，日本に生息する動植物のうち，哺乳類は34種類，鳥類は97種類，種子・シダ植物は1 779種類が含まれ，全部で3 430種類が絶滅危惧種に指定されている。日本の絶滅危惧の分類と種の例（動物）を**表5.1**に示す。

種が絶滅する原因はさまざまであり，長い地球の歴史をみてもマンモスや恐竜が滅んだように絶滅は種に運命づけられたものであるが，近年の人為作用が

表5.1 日本の絶滅危惧の分類と種の例（動物）（2012年現在）[3]

絶滅リスクのランク	内容とランキングされた動物の例
絶滅（EX）	わが国ではすでに絶滅したと考えられる種 　　ニホンオオカミ，ニホンカワウソ，スジゲンゴロウ　ほか
野生絶滅（EW）	飼育・栽培下あるいは自然分布域の明らかに外側で野生化した状態でのみ存続している種 　　トキ，トキウモウダニ，コウノトリ
絶滅危惧Ⅰ類（CR＋EN） 絶滅危惧ⅠA類（CR） 絶滅危惧ⅠB類（EN）	絶滅の危機に瀕している種 ごく近い将来における野生での絶滅の危険性がきわめて高いもの 　　イリオモテヤマネコ，ジュゴン，ラッコ　ほか ⅠA類ほどではないが，近い将来における野生での絶滅の危険性が高いもの 　　イヌワシ，ニホンウナギ，ニゴロブナ　ほか
絶滅危惧Ⅱ類（VU）	絶滅の危険が増大している種 　　ゼニガタアザラシ，ハマグリ，メダカ　ほか
準絶滅危惧（NT）	現時点での絶滅危険度は小さいが，生息条件の変化によっては「絶滅危惧」に移行する可能性のある種 　　トド，トノサマガエル，エゾナキウサギ　ほか
絶滅のおそれのある地域個体群（LP）	地域的に孤立している個体群で，絶滅のおそれが高いもの 　　紀伊半島のツキノワグマ，宮古島のツマグロゼミ　ほか
情報不足（DD）	評価するだけの情報が不足している種 　　エゾシマリス，オシドリ，スッポン　ほか

種の絶滅を加速させている事実も忘れてはならない。人間活動による種の絶滅要因としては，表5.2に示すようなものが考えられるが，その最大の要因は，環境の分断化である。例えば，森林に道路を敷設すると閉鎖的であった森林の一部が開放される。道路の敷設は，閉鎖的な環境を好む生物に悪影響を及ぼすことが懸念される他，土壌の乾燥化や光強度の増加などの環境変化によって，生態系の基質そのものを変えてしまう可能性がある。また，個体群の分断によって小集団化が進むと遺伝的に近縁な個体同士の交配が進み，種内の多様性が失われ，ある種の伝染病や環境変動が起こった際に種が絶滅する可能性も高くなる。

コーヒーブレイク

遺伝子資源

　生物のもっている体や形の特徴を形質という。形質には見た目の形や色の他，大きさ，生化学的・生理的な特徴，さらには行動などの特徴も含まれる。生物は，親から子へ形質を伝え，長い期間のうちにそのときの環境に合わせて変化してきた。人間の子は必ず人（ヒト）とう種になるが，人（ヒト）という種であっても髪や肌の色が違うのは，地域の違いではなく親から受け継いだものである。このような生物の形質が親からその子孫に継承される生物過程を遺伝という。形質を伝えるものが遺伝子であり，生物の体を構成している各細胞の核の中の染色体に存在している。有性生殖の場合，雄と雌の遺伝子を受け継ぐことになり，種としての形質以外には親と異なる形質を示す。一方，体細胞の分裂などにより新しい個体をつくる無性生殖では，親とまったく同じ形質となり，環境の変化に対応できず絶滅する可能性がある。

　遺伝資源とは，人間が有効に利用できるさまざまな生物固有の形質のことである。石油，鉱物などの鉱物資源に対し，遺伝資源は医学や生物工学に応用すれば人間に有用となる生物の遺伝子の潜在的な価値に着目している点で異なる。生物多様性条約では生物多様性保全の一環として遺伝的多様性保護の重要性が指摘され，人間にとっての有用性にかかわらず遺伝資源は保護すべき対象となっている。さらに，生物多様性や遺伝資源の取得（アクセス）への制限が加えられ，特に商業的な利益の面から，遺伝資源が豊富な国と利用国（企業）との間で種々の問題が生じている。

表 5.2 人間活動による種の絶滅の原因と具体例[3]

区　　分	具　体　例
生活環境そのものの喪失	開発などによる森林伐採
種の生息条件の悪化	伐採による森林周辺部の乾燥化 　⇒ 乾燥化に耐えられない種の死滅 　⇒ 食物連鎖の上位動物への被食者減少の影響大
生息地の分断化	森林伐採，耕地・宅地造成，鉄道・道路の敷設 　⇒ 小集団化，遺伝子交流の機会逸失
人間による乱獲 不法捕獲	個体数減少 ⇒ 希少価値化 ⇒ さらなる不法捕獲増加
外来種による圧力	外来種の移入 ⇒ 在来生物への大きな圧力
地球環境の急速な変動	地球温暖化・乾燥化 ⇒ 生息生育環境の劇的変化

演 習 問 題

【1】「生物多様性の危機」について述べた以下の文章を完成させよ。

　現在，少なくとも（ア）種以上とされる膨大な生物の種は，太古，海中に誕生した一つの生命が長い時間をかけてさまざまに進化してきたかけがえのない生命である。これら多様な生物が，生態系をつくり出しているが，生物多様性にはこの膨大な「（イ）の多様性」だけでなく，同じ種であっても異なる個性を生む「（ウ）の多様性」や，さまざまな生物が関わる「（エ）の多様性」についても考えることが重要である。また，生物多様性は，生態系の健全性を支え，自然豊かな"恵み"である（オ）を持続させていく基盤として，私たち人間にとってその保全は大切である。

　国連環境計画（UNEP）が 2001 年から 5 年間かけて実施した「（カ）」によれば，最近 100 年間の生物種の絶滅速度は，化石記録などから算出された過去の絶滅速度の最大（キ）倍を超えると指摘している。特に深刻なのが（ク）の開発・減少による絶滅の進行である。ここには地球上の生物種の（ケ）以上が生息するといわれている。国際自然保護連合の（コ）は，世界で 15 600 種を絶滅危惧種とし，未確認の生物まで含めればこの数倍にも達すると指摘している。

【2】生物多様性の保全と絶滅危惧種の保護の違いについて述べよ。

【3】以下の各文は「生物多様性条約」に定められている記述である。正しい記述には○，誤った記述には×を示せ。
　① 地球上の多様な生物とその生息環境の保全

② 生物資源の持続可能な形での利用
③ 遺伝資源を知的財産とした独占的な利用
④ 自国の保全上重要な地域や生物種のリスト作成，保護区などの設定

【4】「ミレニアム生態系評価の結果」に関する以下の記述について，正しいものには○，誤ったものには×を示せ。
① 過去50年，人間はかつてない速さで生態系を改変し，種の絶滅を引き起こすなど，生物多様性に甚大な影響を及ぼした。
② 生態系の改変は，生態系サービスの劣化やさまざまなリスクの増大を伴い，すでにどのような対策をとっても将来世代の利益減退は止められない。
③ 生態系サービスの劣化は21世紀後半に顕著に増大する見込みであり，持続可能な環境の確保などに障害が予測される。
④ たとえ，政策・制度・実行の面で大幅な改革が行われたとしても，生態系の回復は完全に不可能である。

6

生態系の評価とリスクマネジメント

　実際に起こっている生態系や自然環境問題による影響の回避や解決のための対策をとる際には，科学的根拠に基づいたデータが判断基準となる．本章では生態系や自然環境の定量評価法について解説するとともに，潜在的に存在する生態環境リスクに基づいた定量評価法や管理手法について解説する．

6.1　生態系と環境問題の評価

　われわれが環境問題として認識するものは実に多様であり，地球温暖化やオゾン層破壊といった地球規模のものから環境ホルモンや富栄養化といった局所的なもの，騒音・振動など生活公害あるいは生物多様性や生態系の良否を問うものなどがある．個々の環境問題に対し，開発工事の是非を問うような意思決定，問題を未然に防ぐための行動や影響を受けた環境の復元・修復方法の決定など，目的も多岐にわたる．これらの環境問題の目的に沿った尺度（指標）を用いたさまざまな評価方法が提案され，実用化されている．**図 6.1** は「生態系と生物多様性の経済学」(The Economics of Ecosystem and Biodiversity, TEEB) による価値評価のフレームワークである．これは人間の決定によって，生態系に影響を与える活動が行われ，それによって生態系の構造と機能は変化する．この変化によって，今度は提供される生態系サービスが変化することになる．生態系サービスの変化は人間の豊かさや幸せ（福利）に影響を及ぼすことになる．このつながりが明確に理解されれば，究極的には，生態系の状態と生態系サービスを保全できるような諸組織の改善と，よりよい決定につながる情報が

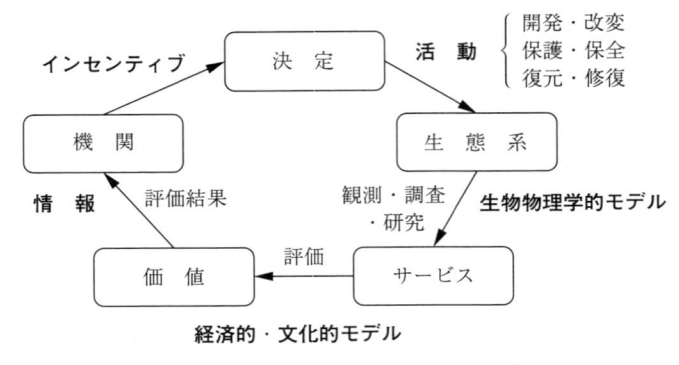

図 6.1 生態系サービス：研究主題[2)]

提供できる。

　環境問題の中でも人間活動が環境にどの程度影響を与えているのかを評価する代表的な評価法に**ライフサイクルアセスメント**（life cycle assessment，**LCA**）や**エコロジカルフットプリント**（ecological foot print）がある。ここで扱われる尺度は経済的な紙幣価値や CO_2 排出量，エネルギー排出量，あるいは汚濁物質濃度など物理化学的な指標であり，比較的そのインパクトをイメージしやすくなっている。一方，生態系や自然環境の絶対的な価値については人の生命の価値と同様にはかり知ることはできず，評価になじみにくいものである。そのことを認識した上で，生態系や生物多様性の価値に関して，一般的に経済学では利用価値に重点を置いた人間中心のアプローチをし，生態学では本質的な生態学的価値に基づく生物中心のアプローチをしている。

　経済学の分野では，環境を**環境財**（environmental asset）としてとらえて，**図 6.2**のように価値を類型し，市場で取引きされているような直接利用価値に関してはその紙幣価値で評価を行い，紙幣で取り扱われないようなその他の価値については，これらの価値を経済的な（紙幣）価値に置き換えたり，人々に支払意思額を尋ねるような評価方法により可視化をする評価手法が開発されている。経済学的な生態系の評価手法に関しては「生態系と生物多様性の経済学（TEEB）」の報告書や専門書を参考にしてほしい。

6.1 生態系と環境問題の評価

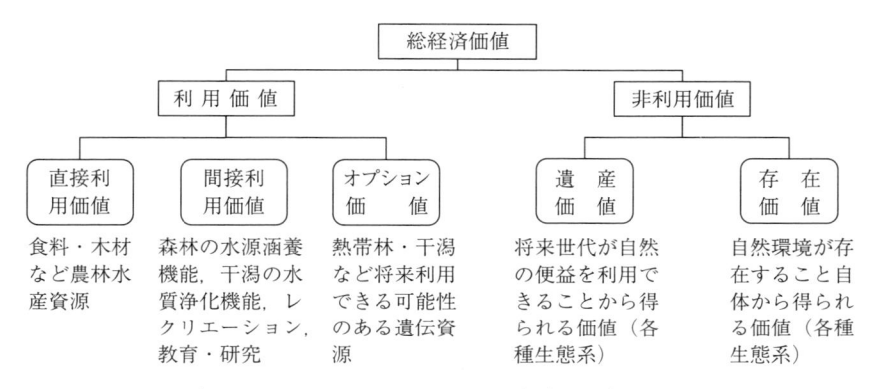

```
                        総経済価値
                    ┌──────┴──────┐
                  利用価値         非利用価値
            ┌──────┼──────┐      ┌──────┴──────┐
          直接利用  間接利用  オプション   遺産        存在
          用価値    用価値    価値       価値        価値
```

直接利用価値	間接利用価値	オプション価値	遺産価値	存在価値
食料・木材など農林水産資源	森林の水源涵養機能，干潟の水質浄化機能，レクリエーション，教育・研究	熱帯林・干潟など将来利用できる可能性のある遺伝資源	将来世代が自然の便益を利用できることから得られる価値（各種生態系）	自然環境が存在すること自体から得られる価値（各種生態系）

＊TEEBのTEVアプローチでは，レクリエーション，教育・研究などは直接利用価値（非消費）に分類されている

図 6.2 経済学的な自然評価に関する価値の類型 [2]

開発行為や環境改変が環境にどのように影響を及ぼすかを評価するものを**環境影響評価**（**環境アセスメント**，environmental impact assessment）という。環境アセスメントでは影響があるか否かを判断しなければならないが，結論において「影響がない」あるいは「影響が無視できる」という定性的な結論が導かれることが多く，批判の対象となっていた。事業ありきという時代背景もあったと考えられるが，環境アセスメントが難しいのは，複雑な自然生態系には未解明な部分が多く，時間的にも変化し，定量的な評価になじまないこと，保全措置などの対策を検討する際にどの程度なら許容されるか，目標とする自然環境の質をどのように定めるかなどの点で明瞭でないこと，などが理由として挙げられる。

やがて，**ミティゲーション**（mitigation）とう考え方が登場すると，より定量的な影響評価法が求められるようになった。ミティゲーションとは，環境影響を極力減少させ，どうしても失われる環境の代償を積極的につくり出し，トータルとしてみた環境への影響をゼロあるいは現状以上にしていこうとする考え方で，アメリカの法制度として誕生した。アメリカ環境保全審議会の1978年の規定により，ミティゲーションは**表 6.1**のように定義され，ミティゲーションでは，現状の環境の質を維持することが前提となり，回避・最小化

6. 生態系の評価とリスクマネジメント

表 6.1 ミティゲーションの定義

	手続き	内容
①	回避	特定の行為あるいはその一部を行わないことで影響全体を避ける（avoid）。
②	最小化	行為とその実施において，程度と規模を制限することにより，影響を最小減に抑える（minimize）。
③	矯正・修復	影響を受けた環境を修復，回復，または改善することにより，影響を修正する（rectify）。
④	軽減	保護・保全活動を行うことにより，長期にわたる影響を軽減・除去する（reduce or eliminate）。
⑤	代償	代替の資源や環境で置換，あるいはこれらを提供することにより，影響を補償する（compensate）。

の順で最後に代償という手続きで行われ，その結果，環境の質を現状以上に維持できなければ計画を断念する，ということになる。ミティゲーション事業の中で実際に代償措置を講じていくためには，破壊された環境の価値と代償として創造された環境の価値を定量的に評価することが必要となってくる。環境評価に対しては，元の環境と質の違う環境を代償措置として創出する場合，元の環境との相対的な価値がどのくらいであるかを決定するための評価方法が必要となる（**図 6.3**）。

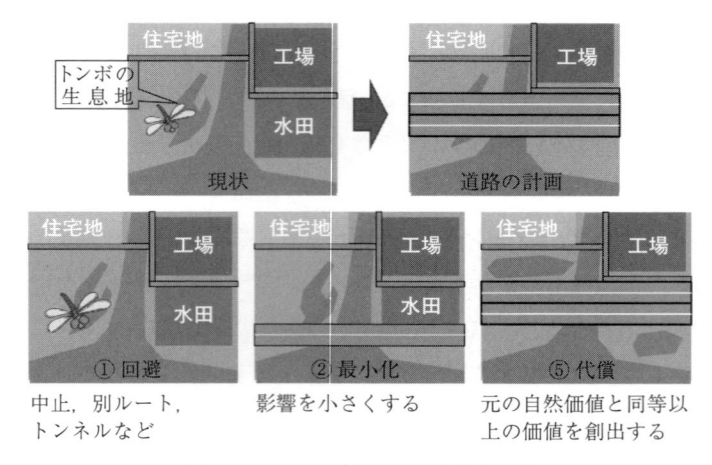

図 6.3 ミティゲーション手続きの例

図 *6.4* は環境アセスメントとミティゲーションによる環境影響の違いを概念的に示したものである。環境アセスメントは，道路，ダム事業など環境に著しい影響を及ぼすおそれのある行為について，事前に配慮する仕組みである。ミティゲーションは現在の環境の質を維持することを大前提として，元の環境と創り出される環境の相対的評価の手法を使って，創り出される環境を元の環境よりもよい (better) もの，あるいは理想的な (best) 環境を目指していこうとする考え方である。

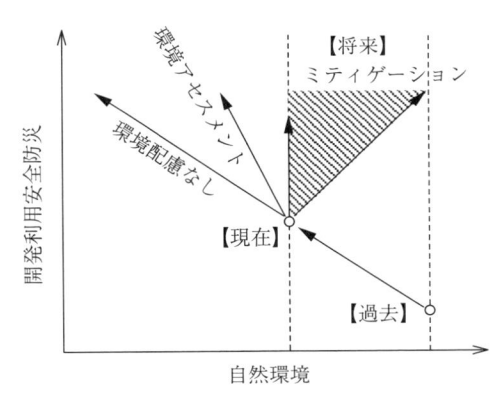

図 *6.4* 環境アセスメントとミティゲーションによる環境影響の違い[9]

6.2 生態系の評価法

6.2.1 生態系評価の分類

生態系を評価する手法としては数多く存在し，対象とする環境のタイプによる分類，評価の目的による分類などさまざまな分類方法があり，統一された分類が難しいのが現状である．土木学会の環境工学公式・モデル・数式集では，(1) 対象とする情報，(2) 評価の考え方で分類し，表 *6.2* のようにまとめられている．対象とする情報の3番目の「非生物情報との組合せ」は，流量や水深といった物理量や流域の地質情報などの環境要素と生物との関係を解析する

表 6.2 生態系評価手法の分類[7]

		評価の考え方	
		バックグランド・潜在（*は事業実施後）との差	数値・レベル
対象とする情報	一つの生物種	指標生物（すべての系，評価）	生物学的水質判定（川，評価）
	種の組合せ	アメーバ法，BEST（海，評価） IBI（川，評価）	多様性指数，Ecosystem Health（すべての系，評価） 植生自然度（陸域，評価）
	非生物情報との組合せ	潜在自然植生・魚類相，Ecoregion（陸・川，評価） HEP（すべての系，評価） PHABSIM, IFIM（川，予測）* HGM（湿地，評価） PRIVERPACS（川，評価・予測）	HQI（川，予測） WET（湿地，評価） HIM（川，評価）
	バイオアッセイとの組合せ（実証性）	Sediment Quality Triad（海底質，評価）	

手法であるので，環境改変後の生態系状態の評価を単独で行うことができる。他の情報は，将来の生態系変化の予測を行う必要がある。またバイオアッセイ（生物検定法，生物学的毒性試験）と組み合わせることで，環境要素と生態系変化の関係を実証することができる。評価の考え方としては，人為的な影響が無視できるバックグランドの生態系を原点とするものと，理想状態からの隔たりをものさしとするものがある。表中の括弧内は，主要な対象生態系，評価結果の利用方法の項目での分類を示している。

6.2.2 生物を用いた環境の評価

〔1〕 **生物学的指標**　生物多様性には5章で述べたように遺伝子の多様性，種の多様性，生態系の多様性の三つのレベルからなる概念である。その中でも種の多様性が最もカギになる。種の多様性は，地域の分類学的生物種の豊富さとして表現され，**種の豊かさ**（species richness）と**個体数の均等性**（evenness）の大きく二つの指標に分けられている。種の豊かさは種数で，均等性は式 (6.1) の**シンプソンの多様度指数**（Simpson's diversity index）や式 (6.2) の**シャノン・**

ウィナー指数（Shannon-Weaner index）などの多様度指数で数値化される。

$$D = \frac{\sum_{i=1}^{S} n_i(n_i - 1)}{N(N-1)} \tag{6.1}$$

$$H' = -\sum_{i=1}^{S} p_i \log_2 p_i = -\sum_{i=1}^{S} n_i \left(\frac{n_i}{N}\right) \log_2 \left(\frac{n_i}{N}\right) \tag{6.2}$$

ここで n_i は i 番目の種の個体数，N は総個体数 Σn_i，S は全種類数，p_i は種 i の相対的な重要度を示す．シンプソン指数 D は多様性が増すと，減少するので，通常 $1-D$ か $1/D$ が用いられる．シャノン・ウィナー指数は，個体数が多く，サンプルがそれぞれの種に均一に配分されるほど大きな値となる．

種の多様性は複数の調査地点の多様性を比較したり，調査地域での生物群集の多様性の時間的変化を調べる際には有効である．しかし，多様性や種数という指標は，観察された個々の生物種の重要性や希少性などの特性は考慮されておらず，すべての種を同じ価値として扱っていることに注意しなければならない．

また，種の多様性を測定するためには，その群集を構成するすべての種を同定し，種数とその個体数などの最も基本的な情報を観測により得る必要がある．そこで全種を調べる代わりに，ある特定の生物が生息することがその地域の生物多様性を表すという考えで，**表6.3**のような指標生物が提案されている．

表6.3 指 標 生 物

指 標	解 説
生態的指標種	同様の環境条件に生息する生物を代表する種
キーストーン種	生物間相互作用の要となる種．その種が取り除かれると，生態系のバランスが大きく崩れてしまう．
アンブレラ種	広い面積の生育環境を必要とする種．クマやオオタカなどの最上位捕食者など，広い行動圏をもつ種の生息環境を保全することで多数の種が保存される．
シンボル種（象徴種）	その地域の特徴を示す種．清澄な水辺に生息するゲンジボタル，トンボ，豊かな森に生息するオオタカなど，多くの人が好感を抱く種が選ばれる．シンボル種しか意識されないとう欠点がある．
希 少 種	生息数の少なくなった種．レッドデータブックの絶滅危惧種や純絶滅危惧種として掲載される種で，保護・保全の対象となる．

96   6. 生態系の評価とリスクマネジメント

例題6.1 表6.4の例で示される鳥類の種と個体数から，シンプソン指数 $(1-D)$ とシャノン・ウィナー指数を求めよ。

表6.4 鳥類の種と個体数の観測結果

No	種名	個体数
1	イカルチドリ	2
2	イワツバメ	7
3	カワラヒワ	7
4	キセキレイ	3
5	コゲラ	1
6	コサギ	2
7	シジュウカラ	1
8	スズメ	8
9	セグロセキレイ	10
10	トビ	2
11	ハシブトガラス	1
12	ヒヨドリ	5

【解答】 式(6.1)より，シンプソン指数式から $1-D$ を計算すると 0.88 となる。式(6.2)より，シャノン・ウィナー指数 $H'=1.16$ となる。 ◇

〔2〕 **生物学的水質判定法** 水域に生息している生物種を指標にして水質階級を判定する方法を生物学的水質判定法という。BODやDOなどを測定する理化学的水質判定法は，瞬間的あるは短期間における水域の水質状況を表すのに対し，生物的水質判定では，長期的な水質変動の平均的な様相を判定しているのが特徴である（表6.5）。水質階級としては表6.6に示す貧腐水性水域，β 中腐水性水域，α 中腐水性水域および強腐水性水域の4階級が基本である。そしてその判定には，(1) **優占種法**, (2) **ベック・津田**（Beck-Tsuda）**法**, (3) **汚濁指標による方法**，が用いられている。

(1) 優占種法は，優占種に着目し，その種に与えられた水質汚濁に対する指標性が地点の水質階級を代表するものであるとみなすものである。優占種は現存量が高い種である。環境省と国土交通省では，昭和59年度か

表6.5 物理化学的指標と生物指標の概要

	理化学的水質判定法（水質指標）	生物学的水質判定法（生物指標）
概要特徴	水を採取し窒素やリン，BODなどの項目を直接分析する方法。数値情報が得られ，汚濁の原因や程度を推定するのに適した方法。	生物が生息してきた期間の総合的な水質を判定することができる。調査時の水の状態ではなく，過去の状態を総合した結果を判定できる。
欠　点	水を採水した時点での水質しか判定できない。分析した項目以外の情報を得ることができない。	生物影響の原因を特定することが難しく，影響度の判定には広範囲，長時間を要する。種の同定が困難で，生物分類の知識を必要とする。数値の客観性・再現性が低い。

表6.6 水質階級とその特性[7]

生物学的水質階級 （汚れの程度）	魚　　類	BOD	相当する 環境基準類型
貧腐水性 （きれいな水）	イワナ，ヤマメ，アブラハヤ，カジカ	低い 2.5 mg/l 以下	AA
			A
β中腐水性 （少し汚れた水）	ウグイ，カマツカ，タナゴ類，ヨシノボリ	割合低い 2.5～5 mg/l	B
			C
α中腐水性 （汚れた水）	フナ類，コイ，オイカワ，ドジョウ	高い 5～10 mg/l	D
			E
強腐水性 （大変汚れた水）	普通はいない	つねにとても高い 10 mg/l 以上	類型外

ら一般市民が参加する事業として全国水生生物調査を実施している。

(2) ベック・津田（Beck-Tsuda, biotic index）法は，Beckにより提案された方法で，津田により採集のための規定条件などが補足された。貧腐水性指標種を汚濁非耐忍種A，それ以外の水域（α中腐水性，β中腐水性および強腐水性）の指標種をBとし，**生物指数**（biotic index, ***BI***）を式(6.3)により算出し，**表6.7**の水質階級との対応で判定するものである。

$$BI = 2A + B \tag{6.3}$$

(3) **汚濁指標**（pollution index, ***PI***）による方法は，Pantel-Buck により提

表6.7 生物指標に基づく水質階級

生物指数 BI	水質階級
20以上	きれい，貧腐水性
11〜19	ややきれい，β中腐水性
6〜10	かなり汚い，α中腐水性
0〜5	きわめて汚い，強腐水性

案され，津田により改良された方法である．ベック・津田法では個体数を無視しているが，この方法では個体数の情報も取り入れている．汚濁指数は各生物に当てられた汚濁階級指数 S とその出現個体数 h とによって式(6.4)で算出し，**表6.8**の水質階級との対応で判定する．なお，S は貧腐水性種に1，β中腐水性種に2，α中腐水性種に3，強腐水性種に4の数値を与える．

$$PI = \frac{\sum (S \cdot h)}{\sum h} \qquad (6.4)$$

表6.8 汚濁指標に基づく水質階級

汚濁指数 PI	水質階級
1.0以下	清冽（貧腐水性）
1.0〜1.5	β中腐水性よりの貧腐水性
1.5〜2.0	やや汚濁が進んでいる。β中腐水性
2.0〜2.5	α中腐水性寄りのβ中腐水性
2.5〜3.0	汚濁がかなり進んでいる。α中腐水性
3.0〜3.5	強腐水性寄りのα中腐水性
3.5〜4.0	きわめて汚濁が進んでいる。強腐水性

例題6.2 つぎの**表6.9**の例で示される河川底生動物から，(1)生物指数（ベック・津田法）と，(2)汚濁指数を計算せよ．

表6.9 河川底生生物の調査結果[8]

種　名	汚濁耐性	汚濁指数	個体数〔/m²〕
チラガケロウ	A	1	20
ウエノヒラタカゲロウ	A	1	16
エルモンヒラタカゲロウ	A	1	24
シロタニガワカゲロウ	B	2	20
トゲトビイロカゲロウ	A	1	4
ヨシノマダラカゲロウ	A	1	32
オオマダラカゲロウ	B	2	20
マダラカゲロウ属の一種	B	2	24
フタツメカワゲラ	A	1	8
ヘビトンボ	A	1	4
ヒゲナガレカワトビケラ	A	1	112
ウスバヒメガガンボ	O	0	1
アシマダラブユ属の一種	A	1	4

【解答】

（1） 式(6.3)より，$BI=22$ となる．よって水質階級はきれい，貧腐水性と判定される．

（2） 式(6.4)より，$PI=1.22$ となる．よって水質階級は β 中腐水性より貧腐水性と判定される．　　　　　　　　　　　　　　　　　　　　　　　　　◇

6.2.3　環境影響評価における生態系評価

環境影響評価の際に用いられることの多い手法を，評価対象で分けた，〔1〕ある特定生物種の存在や量，〔2〕生息場の収容力，〔3〕生態系の健全性，について具体的な手法を挙げて解説する．

〔1〕　**ある特定生物種の存在や量の評価**　　指標生物による判定，HQI (habitat quality index) などがある．HQI は典型的な統計的手法であり，評価式の精度は説明変数になにをとるかにかかっており，異なる地域にはそのまま適応できないと考えたほうがよい．

〔2〕　**生息場の収容力の評価**

1)　**HEP**　　　**HEP**（habitat evaluation procedures, **ハビタット評価手**

続き）は 1970 年代後半より，US-FWS（アメリカ合衆国内務省魚獣局）により開発された手法である。選定された野生動植物（評価種）にとって評価対象地域の環境がどのくらい適しているかをハビタットの質，量（空間），時間によって定量化する手法である。**ハビタット**（habitat）とは生息場所（環境），生育場を意味する言葉である。HEP で用いられる指標の種類とその内容を**表6.10**に示す。

ハビタットの「質」は，ハビタット適性指数 HSI で表され，評価対象種の

表6.10 HEP で用いられる指標の種類 [11]

指　数	評価の内容と式または概念
適性指数 （suitability index, SI）	評価種の生息条件を規定する環境要因別に，0（まったく適さず）から 1（最適）までの数値で適性度合いを表現したもの。そのモデルを SI モデルという。 $SI = \dfrac{小評価区域の生息地の特定の環境要因の状態}{理想的な状態の特定の環境要因の状態}$
ハビタット適性指数 （habitat suitability index, HSI）	HSI は一つ以上の SI を加算したり，乗じたりして統合したものである。 $HSI = \dfrac{小評価区域のハビタットの状態}{理想的な状態のハビタットの状態}$
ハビタットユニット （habitat unit, HU）	HU は HSI に小評価区域の面積を乗じた値である。 $HU = HSI \times$ 小評価区域の面積
平均 HSI （weighted average habitat suitability index, $AHSI$）	ある評価種にとっての評価区域全域の生息場適性指数。HSI の加重平均値で表される。 $AHSI = \dfrac{\sum_{i=1}^{n} a_i \times SI_i}{\sum_{i=1}^{n} a_i}$
合計 HU （total habitat unit, THU）	ある瞬間の評価区域全域の「質」と「空間」の積。 $THU = \sum_{i=1}^{n} HU_i = AHSI \times$ 評価区域全域の面積
累積的 HU （cumulative habitat unit, CHU）	評価区域をある評価種の生息場としての適度合いを「質」「空間」「時間」の観点から総合的に評価した値。 $CHU = \sum_{i=1}^{p} AHSI_i \times A_i$ I：年，p：HEP 分析の期間，$AHSI_i$：i 年目の $AHSI$，A_i：i 年目の評価区域面積
平均年間 HU （average annual habitat units, $AAHU's$）	年当りの表用効果分析を行うために用いられる値。 $AAHU's = \dfrac{CHU}{HEP 分析年数}$

複数の生存必須条件（環境要因）の適性指数 SI モデルを統合したものである。SI モデルとは個々の環境要因別に，0（まったく適さず）から1（最適）までの数値で表現したもので，評価種の生存必須条件（環境要因）の状態とハビタット適性度合いの間の相関関係を示すものである。例えば，ある種のウサギは，高木林の樹冠（図 8.1 参照）の被度が 25% から 50% の間に最も多く生息する。この場合，樹冠被度 25% から 50% の間が理想的な状態なので，このときの SI を1とする。また，高木の被度が 0% あるいは 100% であればまったくウサギが生息しないので，SI=0 となり，**図 6.5** の SI モデルを設定できる。

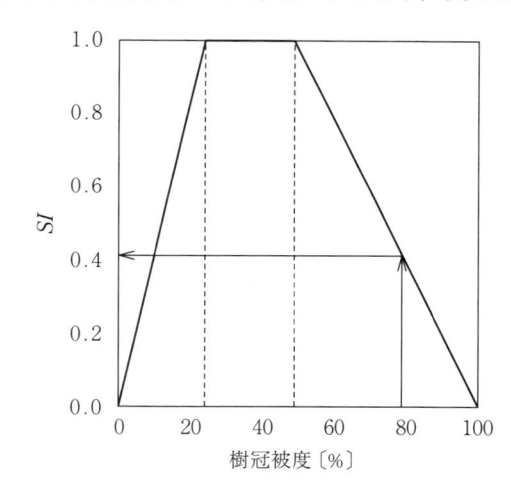

小評価区域の樹冠被度が 80% であれば，SI=0.4 となる

図 6.5 ウサギの1種の SI モデル[11]

複数の環境要因に対する SI モデルに統合し，評価種のハビタットとしての適性を示す HSI の算出には，以下の式 (6.5) がある。

$$\left.\begin{array}{l} \text{幾何平均法 } HSI = (SI_1 + SI_2 + \cdots + SI_n)^{1/n} \\ \text{算術平均法 } HSI = \dfrac{1}{n}(SI_1 + SI_2 + \cdots + SI_n) \\ \text{限定要因法 } HSI = SI_1 \text{ or } SI_2 \text{ or } \cdots \text{ or } SI_n \\ \text{加算要因法 } HSI = SI_1 + SI_2 + \cdots + SI_n \end{array}\right\} \quad (6.5)$$

どの式を用いるかは，各要因間の関係により異なる。こうして求められたハビタットの「質」である HSI に，ハビタットの「量（空間）」である評価区域の土地面積を乗じてハビタットユニット HU を算出する。HU は評価区域を森

林，水田，水面や植生，水，人工物といったカバータイプ区分（小評価区域）ごとに評価されるので，これらのHUを合計したTHUを算出する。このTHUに，ハビタットの「時間」を乗じることにより，HEPの最終的な評価値であるCHUが求められる。

HEPを環境アセスメントに適用すると，開発事業により消失したり増加したりする生態系やハビタットの面積が考慮されるようになる。HUを用いて複数の対象を評価する場合，例えばHSIが高くてもその面積が小さければHUの値は高くならず，逆にHSIが低くても面積を広くすることでHUを高くすることができる。開発行為に対する代償ミティゲーションなどでは，保全や復元のために土地を確保するという現実的な計画を立てることができる。

生息場適性度と生息場面積の積で生息場の価値を算定するという考え方は，以降の多くの生息環境評価手法に影響を与えた。生物の種間関係，評価種の選定，SIモデルの作成や生物生息場環境のみに着目し，社会的価値などが考慮されていないことが留意点とされている。

2) PHABSIM　　河川流量の変化は水深，水面幅，流速などの物理環境に影響している。水域の拡大は魚類の生息可能な範囲の拡大につながり，流速の増加は土砂の堆積や水質の悪化を防ぎ，瀬では魚類の餌となる藻類や水生昆虫によい影響を与えると考えられる。動植物の保護，漁業，景観，流水の清潔を維持するために必要な流量を**維持流量**（minimum flow）といい，これに利水流量を加えたものを**正常流量**（instream flow）という。欧米では1970年代に水資源開発に関わる紛争や未然防止のための正常流量決定に際し，その設定根拠を明確に示すためのモデルが種々開発されてきた。そのモデルの一つである**PHABSIM**（physical habitat simulation model）は，対象とする魚種が成長段階ごとに供給されえるマイクロ生息場の量を異なる流量ごとに評価するモデルである。PHABSIMは**図6.6**に示すように，流れの水理学的要素を計算する部分と魚類の各成長段階の生息必要条件を記述する部分で構成されている。これらの組合せ**重み付き利用可能面積**（weighted usable area, **WUA**）の値として評価される。

6.2 生態系の評価法

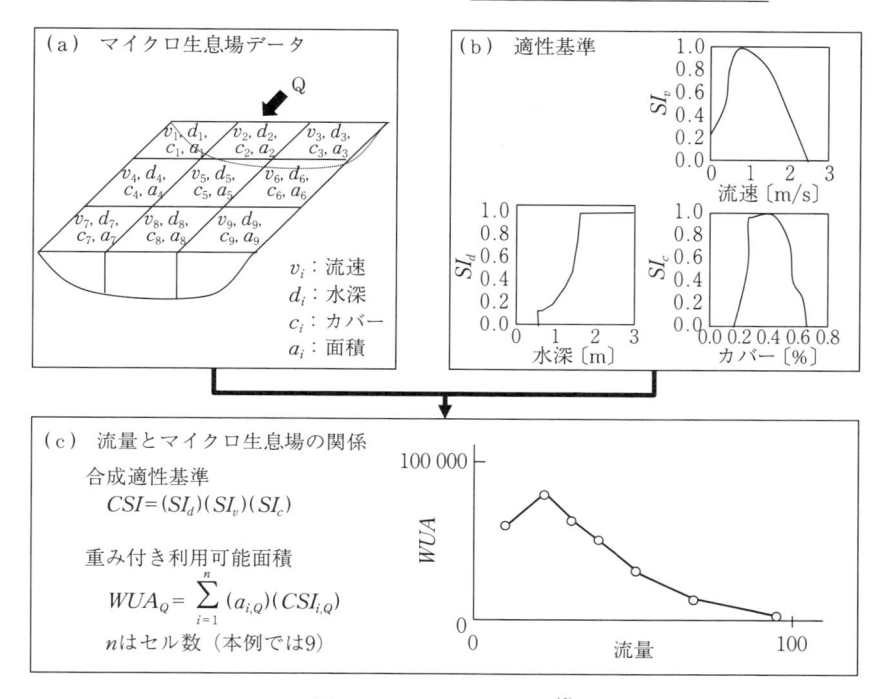

図6.6 PHABSIMの概念[12]

(a) マイクロ生息場データ
v_i：流速
d_i：水深
c_i：カバー
a_i：面積

(b) 適性基準

(c) 流量とマイクロ生息場の関係
合成適性基準
$$CSI = (SI_d)(SI_v)(SI_c)$$
重み付き利用可能面積
$$WUA_Q = \sum_{i=1}^{n} (a_{i,Q})(CSI_{i,Q})$$
nはセル数（本例では9）

WUAの計算手順は，まず図6.6(a)のように，対象河川を物理環境が均一とみなせる小区間に分割し，その小区間ごとに種々の流量に対する水深，流量，カバー（底質や隠れ場となる物陰）のデータを収集する．これらが説明変数となる．一方，図6.6(b)のような評価対象に対する物理環境の「適性基準」（生息場適性基準）を調査や実験などに基づいて定めておく．生息場適性基準には，**図6.7**に示すような適性基準フォーマットがあり，対象とする物理環境要因や目的に応じて適切なものを用いる．さらに生息場適性基準は，その作成に用いる情報やデータ処理法に基づいて分類される．

個人の経験や専門家の意見により作成されるものを**第1種適性基準**（habitat suitability criteria）といい，観測データに基づかないことが特徴である．**第2種適性基準**は，実河川において潜水目視により評価種の生息場所を探し，物理環境を測定したデータに基づき作成される．観測者に驚いて逃げ込んだ場所を

図 6.7 PHABSIM で用いる 3 種類の適性基準フォーマット [13]

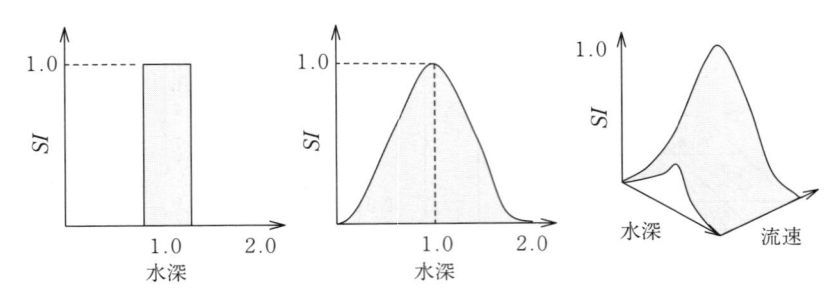

バイナリー形式
水深，流速，水際からの距離など，連続的に変化する変数。カバーの有無，河床材料など不連続な変数

単変数形式
水深，流速，水際からの距離など，連続的に変化する変数

複変数形式
環境因子の独立性の問題をある程度除去した形

最適場所と思い込みかねないという懸念がある。**第3種適性基準**は調査に基づき，供給割合が同地の状況を想定したときの選択の可能性を考慮したものであり，**選好曲線**（preference curve）あるいは**選択度曲線**とも呼ばれている。選択度は，通常供給可能な割合（利用されていない割合）に対する利用される割合の関係から求められ，**採餌率**（foraging rate）と呼ばれる式(6.6)で計算される。

$$E（選択度）= \frac{U（ある物理量の範囲の利用度）}{A（供給量）} \tag{6.6}$$

また，複数の環境要因に対する生息場適性基準を統合し，評価種の生息場としての適性を示す**合成適性基準**（composite suitability index, **CSI**）の算出は以下の式(6.7)が用いられる。

$$CSI = (SI_d)(SI_v)(SI_c) \tag{6.7}$$

ここに，SI_d，SI_v，SI_c はそれぞれの小区間の水深，流速および河道指標（底質あるいはカバー）に関する適性値である。なお CSI として，HEP の HSI の算出と同様に適性値の幾何平均や最小値が用いられることもある。

そして合成適性基準と水表面積を以下の式(6.8)のように合計し，WUA を求める。

$$WUA_Q = \sum_{i=1}^{n}(a_{i,Q})(CSI_{i,Q}) \tag{6.8}$$

ここに，添字 Q は流量 Q における計算値である。WUA は対象とするすべての種（成長段階）について，想定される流量の範囲について計算され，最終的に図 6.6(c) のような流量-生息場利用面積図が得られる。

この WUA は HEP と同様の環境収容力の考えによっている。対象区間がその魚種にとって最適なら，WUA は対象区間の水面積と一致する。PHABSIM の特徴は，これを水理学的シミュレーションと組み合わせ，流量に対する WUA の変化を求めて，水資源開発に伴う流量の変化が水生生物に与える影響を評価しようとするところにある。

河川の維持流量評価には，**図 6.8** に示すように，その対象により必要最小流量を判定するような基準値設定手法から，水利用による可能生息場の質と量の変化で行う漸増的な設定法がある。**IFIM**（instream flow incremental methodology）は，水資源開発に関わる紛争の解決や未然防止のために開発された総合的なアセスメント手法で，維持流量の設定などの基準値設定手法の対極に位置するものとして考案されたものである。IFIM は問題の特定，計画の策定，実施，代替案解析，問題解消の手順を経て実施されるが，PHABSIM はこれらの手順の中で，**図 6.9** に示すマイクロ生息場を評価する位置づけにある。IFIM では PHABSIM により求められ流量の関数として求められた WUA

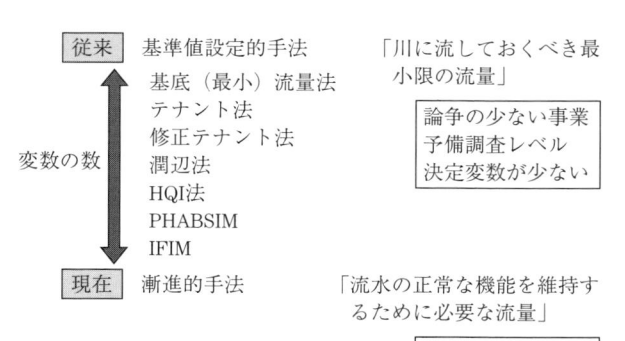

図 6.8 河川の維持流量の評価法

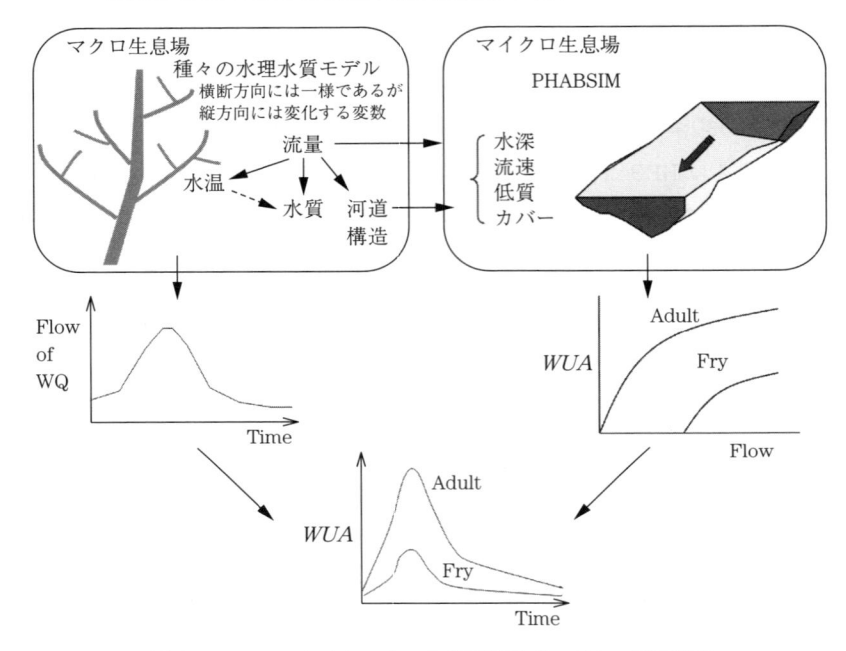

図 6.9 IFIM によるトータル生息場時系列モデルの算出過程

を,対象河川の水理モデルと組み合わせ,トータル生息場の時系列モデルを作成し,代替案と比較検討することになる。

〔3〕 **生態系の健全性の評価**

1) **BEST**　　HEP をはじめとする多くの評価法は,専門家の主観的判断に依存するものが多かった。**BEST**(biological evaluation standardized technique)はこうした専門家の判断に頼らず,フィールドで収集した生物調査データをそのまま数値として用いて客観的に評価することを特色とした手法である。適応事例としては,1975 年にカリフォルニア沿岸域で造成された人工漁礁の環境造成効果を評価したものが代表的なものである。以下,事例を基に評価手順を述べる。

まず選定された海域ごとに,重要な生物種 10 種類程度を選定する。この場合,各海域で同じ種類を選定することが望ましいが,**表 6.11** のように重要度

6.2 生態系の評価法   107

表 6.11 事例（図 6.10）で選定された 10 組の生物種 [14]

人工漁礁域の魚種	砂地海域で等価の魚種	等価とした根拠
Kelp Bass	California halibat	魚食，遊漁対象種
Barred Sand Bass	Barred Sand Bass	（同一種）
Black perch	Tonguefish	ベントス食，定着性
White seaperch	White seaperch	（同一種）
Blacksmith	Northern anchovy	プランクトン食，群集性
Garibaldi	Queenfish	雑食，体長・現存量大
Rock wrasse	Sardine	植物食，体長・現存量類似
Senorita	Topsaelt	ベントス食，体長小
Sheephead	White croaker	底魚，遊漁対象種，食用種
Speckled Snaddab	Speckled Sanddab	（同一種）

や生態学的に等価とみなせるものを選定する場合もある．評価項目は成魚の餌資源・成魚数・稚魚の餌資源・稚魚数・産卵量・生産量の 6 項目が用いられることが多い．これらの海域，生物種，および評価項目は，図 6.10 のような 3 次元マトリクスを構成する．マトリクス内の各要素は，以下の 3 段階のプロセスを得て数値化と総合評価を行う．第 1 段階では各要素にフィールドで得られた生物データをそのまま入力する．第 2 段階では，海域間の相対的な比率とし

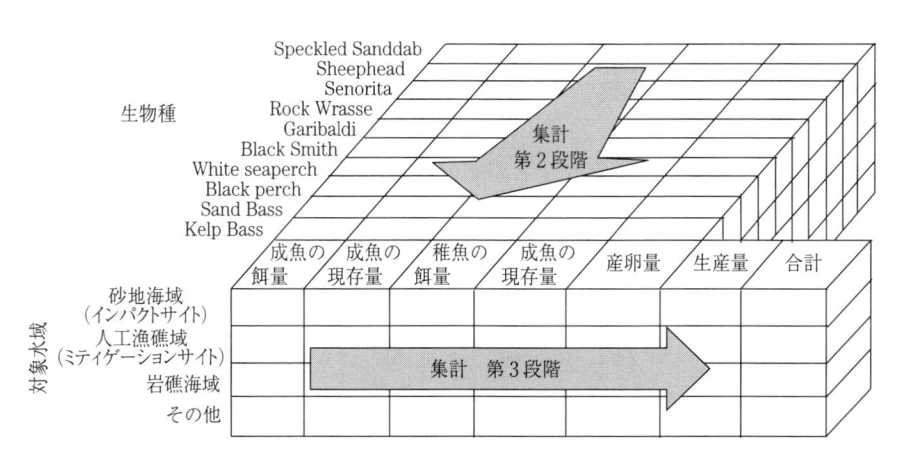

〔例〕 南カリフォルニアの沖合に造成された人工漁礁の効果に関する評価では，対象海域として人工漁礁海域とその周辺の砂地海域が選定され，表 6.11 に示す 10 種の生物種が選定された

図 6.10 BEST における基本的な構成要素とそれにより構成される 3 次元マトリクスの例 [14]

て，評価項目ごとに，海域の値の合計が1になるように基準化する。第3段階で海域ごとに評価項目を合計する。**表6.12**の例の場合，人工漁礁における第3段階の総合評価値は，砂地海域の約6倍となっている。

表6.12 BESTによる生息場評価例[14]（図6.10の事例のある1種についての例示）
第1段階：各要素にフィールドで得られた生物データをそのまま入力する。

生息場	成魚		稚魚		産卵量
	餌量 $[g/m^2]$	現存量 [個体/100 m^2]	餌密度 $[g/m^2]$	現存量 [個体/100 m^2]	現存量 [個体/100 m^2]
砂地海域	12.36	0.00	12.63	0.05	0.00
人工漁礁	433.29	4.07	56.14	0.31	0.18

第2段階：魚種ごと，項目ごとの生息場について値の合計が1になるように正規化する。

生息場	成魚		稚魚		産卵量
	餌量	現存量	餌密度	現存量	
砂地海域	0.00	0.00	0.18	0.14	0.00
人工漁礁	1.00	1.00	0.82	0.86	1.00

第3段階：10種の値を集計する。

生息場	成魚		稚魚		産卵量	生産量	合計
	餌量	現存量	餌密度	現存量			
砂地海域	2.39	2.20	1.85	0.25	0.00	1.01	7.71
人工漁礁	7.61	7.80	7.15	8.75	5.00	8.99	45.29

一方で，データの季節変化など時間的・空間的な代表生物や，選択された評価項目が生態系の機能を反映しているかどうか，また，生物の現存量や生産量のデータは不足しがちで，調査コストも高額であるなどに留意しなければならない。

  2) IBI IBI（index of biotic integrity, **生物保全指数**）は，BESTと並び，測定可能なデータを利用する資料重点型手法の代表であり，生物群集によって環境を評価する手法である。評価対象地域の生物群集を，複数の観点からよい生息環境の生物群集と比較する。

 生物種の分布量を維持できる環境の状態がBiological Integrity（生物学的保全性）の判断基準であり，A：種の豊度と構成（在来種の総数，浮魚の種数，

底生魚の種数，弱耐性種の種数，強耐性種の個体比率など），B：栄養と再生産機能（雑食種の比率，虫食種の比率，魚食種の比率，礫床産卵種の比率など），C：生息量とその状態（生息個体数，奇形魚・腫瘍魚の比率など），の三つの視点から選定する。

対象河川についてこれらの測定基準項目や物理環境を調査し，**表6.13**のような得点表や**図6.11**のようなMSR曲線を用いて測定基準項目ごとの得点を求め，これらを合計したものを総合IBI得点とする。総合IBI得点を用いて，

表6.13 IBIにおける測定項目と得点の例[12]

得点	10	7	5	2	0
A：種の豊度と構成					
耐性種の個体比率	0〜19	20	21〜49	50	51〜100
その他の種数などの情報については図6.12のようなMSR曲線により得点を得る。					
B：栄養と再生産機能					
雑食種の比率	0〜19	20	21〜39	40	41〜100
食虫種の比率	100〜61	60	59〜31	30	29〜0
魚食種の比率	100〜15	14	13〜8	7	6〜0
礫床産卵種の比率	100〜51	50	49〜21	20	19〜0
C：生息量とその状態					
300 m^2 当りの個体数	50個体より少ないとき，総合得点から10点減点				
奇形魚・腫瘍種の比率	4%以上のとき，総合得点から10点減点				

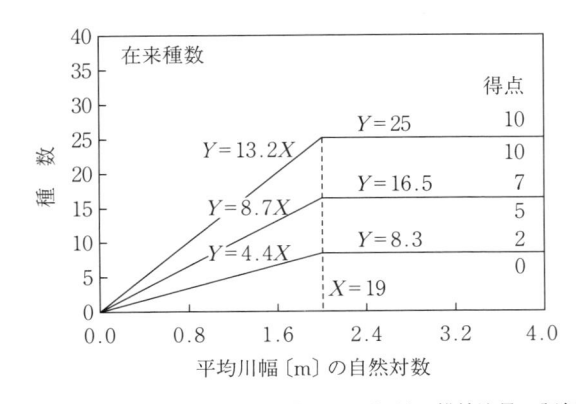

多数のよい環境の河川を調査し，平均川幅の自然対数値に対して，観察された種数をプロットする。これを模式的に表したものが，図中の3本のうち最上部の線である。これを3等分したものが残り2本の線である。評価対象河川の川幅と種数をこの図中にプロットし，図の右端の得点を読み取る。例えば，log（川幅）=2.4，在来種の種数=10であれば，得点は3となる

図6.11 河川の維持流量の評価法[12]

表 6.14 のような総合得点表に基づいて評価を行う. 図表はウィスコンシン州 (Lyons 1992) における評価事例である.

表 6.14 IBI における総合評価表の例 (測定項目数が 10 の場合)[12]

総合 IBI 得点	生物健全性評価	生物群集の特徴
100〜65	優秀	人間活動による攪乱のない状態. その地域で発見されるべきすべての種が, 弱耐性種も含めてすべての年級群にわたって現存する. 食物連鎖は平衡状態.
64〜50	良好	種の豊富さは期待されるより弱耐性種を中心にいくぶん少ない. 特に最上位捕食者が最適状態より少ない. 食物連鎖は非平衡の兆候がある.
49〜30	適正	種の豊富さ, 弱耐性種, 礫床産卵種の減少や, 強耐性種の増加, 雑食種の増加と専食種の減少にみられる食物連鎖のゆがみ, 高齢の最上位捕食者の減少など, 環境悪化の兆しがみられる.
29〜20	貧弱	種数が少ない. 雑食種, 強耐性種, 生息場に対する要求が小さな種の優占, 最上位捕食者や礫床産卵種の減失, 成長速度の低下, 交雑種の増加など.
19〜0	劣悪	種数がきわめて少ない. ほとんどが外来種か強耐性種. 大型の高齢魚が少ない. 奇形魚・腫瘍魚が普通に見られる.
得点なし	劣悪	調査を通じて魚がほとんど見られず, IBI を計算できない.

比較基準の自然な川や対象種は地域によって異なるため, 地域ごとにその地域の「地域版」がつくれている.

6.3 生態環境リスク

6.3.1 生態環境リスクとは

環境リスク (environmental risk) とは, 環境の状況がある条件の下で「望ましくない被害を生じる可能性」として定義され, 「望ましくない出来事の重大さ」と「望ましくない出来事が起こる可能性」の二つの要素の組合せで評価される. このとき, 望ましくない出来事とはなにか, 望ましくない出来事の重大さは誰がどのように判断するのか, そして, 望ましくない可能性をどのような形で評価するのかが, 重要なポイントとなる.

6.3 生態環境リスク

われわれ人間にとって,「望ましくない」と考えるのは,基本的には人を含めた生物の健全な生息・生育,もしくは人の健康や財産を脅かす問題といえる。具体的に,前者の原因としては,人為的・自然的な地形改変による場の喪失,乱獲や餌不足,天敵や競争種（外来種を含む）の増加などが挙げられる。一方,後者の原因としては,就業人口の減少による農耕地・居住地の荒廃,食料不足,戦争・紛争などが挙げられる（図6.12）。また,伝染病の蔓延や事故・災害,有害物質などは,両者に共通の脅威である。

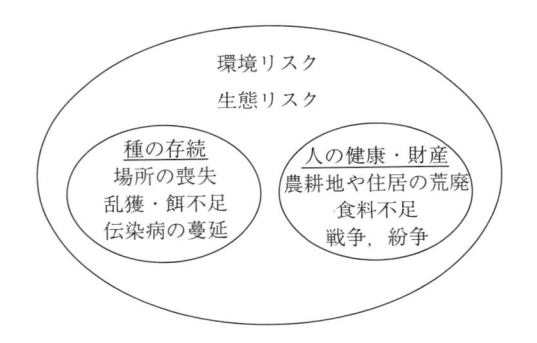

```
        環境リスク
        生態リスク
  ┌─────────┐  ┌─────────┐
  │ 種の存続  │  │人の健康・財産│
  │場所の喪失 │  │農耕地や住居の荒廃│
  │乱獲・餌不足│  │ 食料不足 │
  │伝染病の蔓延│  │ 戦争,紛争 │
  └─────────┘  └─────────┘
```

図6.12　生態環境リスク[16]

生態系マネジメントに際しては,こうした種の絶滅や特定種の異常繁殖（多様性の減少）といった「望ましくない」出来事に対して,どの原因を重大とみて優先するか,その「出来事が起こる可能性の大きさ」を具体的に数値で表せるか,表せない場合には他にどのような評価手法が考えられるかを考えることが必要になってくる。また,利害関係者の理解をどのようにして得るかなども重要になる。

一方,**生態リスク**（ecological risk）とは,環境リスクの一つで,化学物質などが自然生態系などに及ぼす潜在的な悪影響のことをいう。生態系の撹乱には,化学物質や栄養塩負荷による環境汚染だけでなく,温暖化や乱獲,生息地の破壊や分断化,外来種の侵入などさまざまな要因がある。こうした生態リスクは,非生物的環境の下にある人間と生態系の相互作用の中に含まれる。すなわち,人間活動が生態系に及ぼす生態リスク（生態系への直接的影響と,非生物的環境を介した間接的影響がある）と,非生物的環境からの影響に加え,生

態系からの影響によって生じる人間へのリスクがある。

　こうした生態リスクは，特に全地球規模での経済産業活動が活発になってきたこの半世紀の間に急速に高まりつつある。すなわち，生命がこの地球上に誕生してからの時間（約38億年）と比較すれば，ほんの一瞬にすぎない間に，驚くべきスピードで野生生物が死滅している。これを防ぐための生態リスクマネジメントが緊急課題の一つになっており，国際的な取組みがなされている。具体的には，世界的に絶滅のおそれがある生物の輸出入を制限するワシントン条約，生態系全体の保護のための生物多様性保護条約などの国際的な条約の締結の他，ミレニアム生態系評価手法の発表などが挙げられる。

6.3.2　生態環境リスクの予防的管理

　生態環境リスクを評価する従来の方法としては，ある特定地域で食糧資源となりうる生物種や希少生物種，有害生物種などに注目し，それらの個体数や個体群数または生息域の数や広さなどの推移を調べ，その変動傾向から将来の個体数などの変化を集計して評価する手法や，関連する生物の生息・生育条件や食物連鎖の関係をモデル化して，対象生物の個体数変化を確率論的に評価する手法などが用いられていた。しかし，これらの手法はいくつもの仮説やシナリオを導入した上での評価となり，その推計結果には大きな不確実性が残る。そのために，非現実的あるいは恣意的な結論が導かれたり，情報不足によって正確な評価ができないといった問題が残る。

　これに対し，1970年代からドイツやスウェーデンなどで**予防原則**（precautionary principle）に基づく評価・管理手法が導入されるようになった。これは，化学物質や遺伝子組換えなどの新しい技術などに対して，人の健康や環境に重大かつ不可逆的な影響を及ぼすおそれがある場合に，科学的に因果関係が十分証明されない状況においても，規制措置をとろうとする考え方である。1992年，リオデジャネイロで開催された地球サミットで採択されたリオ宣言の第15則に「環境を保全するために，各国はその能力に応じて予防的アプローチを広く採用する。重大な，あるいは回復不能な損害の脅威がある場合，十分な科学的

根拠がないことを理由に,費用対効果の高い環境悪化防止対策を先延ばしにしてはならない」と記載されたことが契機となって,国際的にも取り上げられることとなった。この予防原則の考え方は,生物の多様性の保護と利用に関する「生物多様性条約」,地球温暖化に関する「気候変動枠組条約」など,多くの国際条約に適用されている。

1998年に採択されたウィングスプレッド宣言では,この予防原則とそれに基づく「予防的管理(予防的措置)」を踏まえた環境リスクの適切な管理方法が盛り込まれた。

わが国においても,環境基本計画の中で今後対応すべき環境問題の特質として「国際的連携を強化するとともに,科学的知見の充実を図りつつ,長期的視野に立った予防的措置が必要である」との文言が取り入れられるようになった。また,生物多様性国家戦略においても,基本理念の一つとして,**予防的順応的態度**(ecosystem approach)が明記されることとなった(**表6.15**)。これは,生態系の保全・再生と持続可能な利用の両立を図るため,開発前に予防的な措置を講じ,開発後も生態系を注意深く観察して適切に対応するもので,2002年の生物多様性条約締約国会議で合意された原則を踏まえたものとなっている。

表6.15 予防的順応的態度[16]

項目	内容
予防的態度 予防原則	人間は,生物・生態系のすべてはわかりえないものであることを認識し,つねに謙虚に,そして慎重に行動することを基本としなければならない。
順応的管理	人間がその構成要素となっている生態系は複雑で絶えず変化し続けているものであることを認識し,その構造と機能を維持できる範囲内で自然資源の管理と利用を順応的に行うことを原則とする。このため,生態系の変化に関する的確なモニタリングと,その結果に応じた管理や利用方法の柔軟な見直しが大切である。
合意形成	科学的な知見に基づき,関係者すべてが広く自然的・社会的情報を共有し,社会的な選択として自然資源の管理と利用の方向性が決められる必要がある。

6.3.3 生態環境リスクマネジメントの基本手順

　生態環境リスクマネジメントの方法は，環境リスク管理と生態系管理の両方を併せもつもので，**図6.13**に示す基本手順に従って進められる。この手順は，不確実性（リスク）に対して，十分に備えるとともに，利害関係者間の対立を合理的に解決するために有用である。こうした順応的なリスクマネジメントは生態系管理全般で推奨されているが，まだ実例が少ないのが現状である。

　生態環境リスクマネジメントの対象は，まず，地域住民やNGOなどからの社会的な要請や研究者からの主張によって社会問題化することで決まる〈手順1〉。ここで，リスク管理の検討が必要とされれば，その問題に関わる利害関係者が集められる〈手順2〉。一般に，利害関係者が多くなればなるほど，多面的なアプローチからの検討が実施できるようになるが，一方で問題の解決を困難にするおそれがある。したがって，早い段階からの情報公開によって，明らかに利害関係者にすべき人々の参画の機会を保証し，信頼関係を築き上げておくことが，のちの合意形成の実現の鍵となる。

　利害関係者が決まれば，公開の意思決定機関（協議会）や利害関係者が合意する科学者の助言組織（科学委員会）などを設ける〈手順3〉。これらの組織には，幅広く，かつ公平な参加の機会を確保することが重要である。

　つづいて，総合的な解決策を考えるにあたり，避けるべき事象を明確にする〈手順4〉。さらに，避けるべき事象を客観的に評価できる指標を定める〈手順5〉。この際，「生物多様性の喪失」といった抽象的なものは避け，実際に調査できるような具体的なものにする。また，避けるべき事象の影響因子を分析し，その制御方法を考える。こうした影響因子には，管理者によってすぐに制御できるもの，時間をかけて制御できるもの，制御不可能なものが考えられるので，これらを区別しておくことが重要である〈手順6〉。

　その一方で，対策をとらない（放置した）場合のリスクを評価しておく。これにより，対策をとらない場合に避けるべき事象が悪化するリスクを評価できる〈手順7〉。以上の〈手順4〉～〈手順7〉により，リスクマネジメントの必要性を確認する。

6.3 生態環境リスク　　115

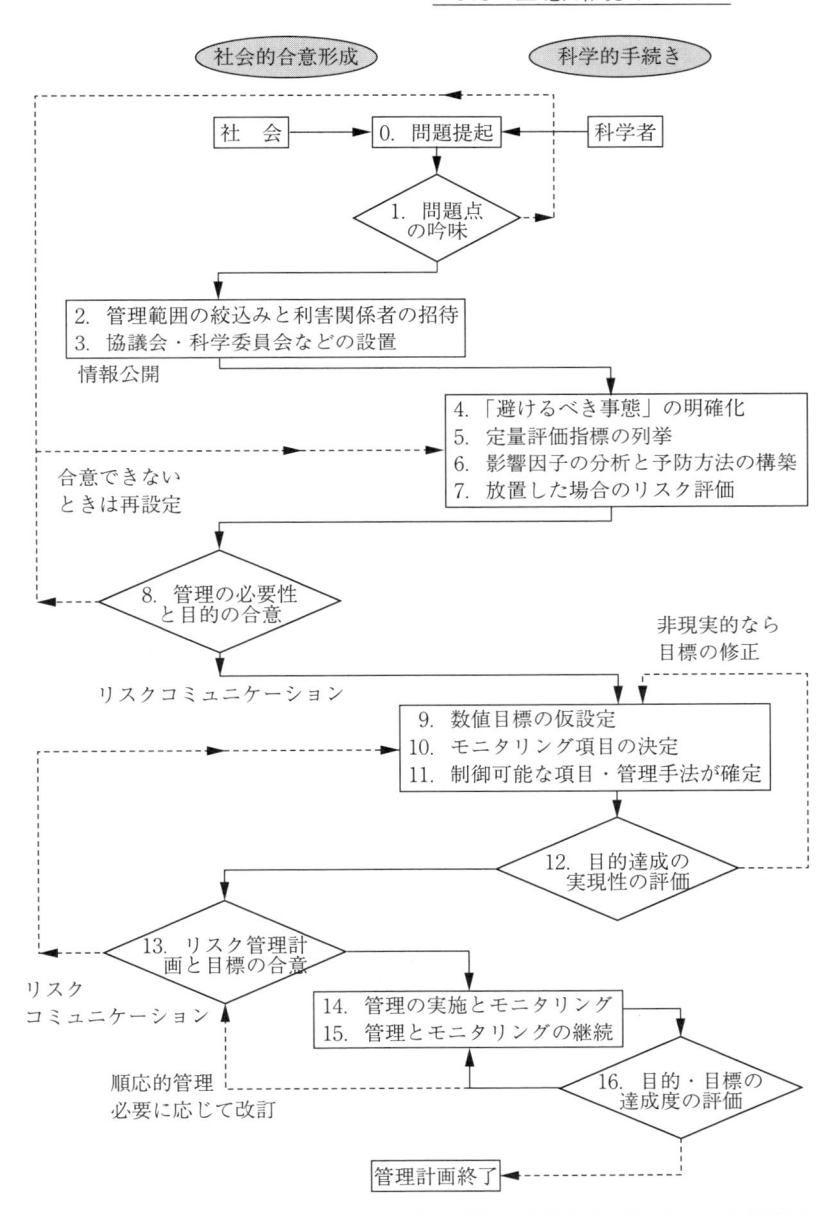

図 6.13 生態環境リスクマネジメントの基本手順（浦野紘平，松田裕之：生態環境リスクマネジメントの基礎―生態系はなぜ，どうやって守るのか？，オーム社 (2007) より転載）

問題の所在とリスクの実態が明らかになった段階で，利害関係者間でリスク管理の必要性の共通認識を醸成し，管理の「大きな目的」について合意する。この段階で合意することは，管理の概念や大きな目標など抽象的な内容であり，すべての利害関係者が合意すべき内容に限るべきである〈手順8〉。

管理についての「大きな目的」についての合意が定まったら，将来客観的に管理の成否が判断できる数値目標を定め〈手順9〉，その検証のためのモニタ

┌─── コーヒーブレイク ───┐

自然遺産・世界遺産

世界遺産は，1972年のユネスコ総会で採択された「世界の文化遺産及び自然遺産の保護に関する条約」（世界遺産条約）に基づいて世界遺産リストに登録された遺跡，景観，自然など，人類が共有すべき「顕著な普遍的価値」をもつ物件のことで，移動が不可能な不動産やそれに準ずるものが対象となっており，その特質に応じて「文化遺産」「自然遺産」「複合遺産」に分類されている。

このうち自然遺産の評価は国際自然保護連合（IUCN）が行っているため，IUCNによる自然保護区域分類にならって，Ia（厳正保護地域），Ib（原生自然地域），II（国立公園），III（天然記念物），IV（種と生息地管理地域），V（景観保護地域），VI（資源保護地域），カテゴリーに割り当てられていない（または割り当てることができない）物件，の八つに分類される。適用基準は，以下の(7)～(10)で，複数の基準を満たす自然遺産もある。

基準(7)「自然美」： ひときわすぐれた自然美および美的な重要性をもつ最高の自然現象または地域を含むもの。

基準(8)「地形・地質」： 地球の歴史上の主要な段階を示す顕著な見本であるもの。

基準(9)「生態系」： 陸上，淡水，沿岸および海洋生態系と動植物群集の進化と発達において進行しつつある重要な生態学的，生物学的プロセスを示す顕著な見本であるもの。

基準(10)「生物多様性」： 生物多様性の本来的保全にとって，最も重要かつ意義深い自然生息地を含んでいるもの。これには科学上または保全上の観点から，すぐれて普遍的価値をもつ絶滅のおそれのある種の生息地などが含まれる。

日本は1992（平成4）年9月に，世界遺産条約に批准し，翌年の1993年12月に屋久島と白神山地が日本で初めて世界自然遺産として登録された。その後，2005年7月には知床，2011年6月には小笠原が登録されている。

リング項目〈手順10〉を結成する。数値目標は，順応的な管理を実現するために，期限を決めて定め，数年ごとに評価と見直しを行うことが望ましい。

つづいて，数値目標を達成するために制御可能な項目を抽出し，必要な管理手法を選定する〈手順11〉。その手法については，科学的に妥当なものとし，結果については住民参画による合意を図ることを原則とする。

また，管理計画には不確実性が伴うため，その数値目標がつねに達成できるとはかぎらないことを念頭に入れた上で，目標達成の実現性について評価を行う〈手順12〉。以上の〈手順8〉～〈手順12〉により，実行可能なリスクマネジメント計画を策定する。

こうした管理手法は，研究者だけで決めるものではなく，社会的合意に基づいて決定されなければならない。ここでは，「大きな目標」と「管理計画」の2度に分けることでより円滑に合意形成を図る。合意に達しない場合には，数値目標を含めた管理手法を再検討し，科学的に実行可能で，社会的に合意できる管理手法の立案を模索する〈手順13〉。

つづいて，実際に管理を実施しモニタリングを続けることによって，リスク評価に用いた未実証の前提の妥当性を検証する〈手順14〉。

管理計画とモニタリングを継続する中で，数値目標の実現可能性の再確認や初期目標に反する想定外の問題の有無を検討する〈手順15〉。

マネジメントを実施して大きな目的と具体的な数値目標の達成度を評価する。必要に応じて，前提から見直し，管理計画そのものを改める。こうした順応的な管理を行っていくには，モニタリングと管理手法への継続的な関心の持続が重要である。すなわち，絶えず検証し，見直す順応的学習が求められる。〈手順16〉

演 習 問 題

【1】 環境アセスメントとミティゲーションに関して簡単に説明せよ。

【2】 表6.3に示す指標生物に関し，あなたの住む市町村あるいは県で具体的に取り扱われている事例を調べよ。

【3】 湿地に生息するニホンアカガエルの水温に関する生息環境について
・7〜12℃の範囲内で生息が多く確認されている。
・幼生は4℃以下，30℃以上でほとんどが死に至る。
というデータがある。このデータを基にニホンアカガエルの水温に関する適性指数（SIモデル）を作成せよ。

【4】 つぎの魚の調査データ（**表6.16**）から水深についての第三種適性基準（選好曲線）を描け。また，作成した水深の選好曲線と，**図6.14**，**図6.15**の流速と底質の選好曲線を用いて水深30 cm，流速0.2 m/s，河床は礫である20 m^2 の河川区間の WUA を計算せよ。ただし合成適性基準 CSI は以下の式に示す乗法形とする。

$$CSI = SI_1 \times SI_2 \times \cdots \times SI_n \tag{6.9}$$

表6.16 魚の調査データ

水深〔m〕	面積〔m^2〕	魚の数
0.1	10	1
0.2	20	6
0.3	30	16
0.4	40	30
0.5	50	50
0.6	60	48
0.7	70	43
0.8	80	34
0.9	90	22
1	100	6

【5】 図6.13に示す生態環境マネジメントの基本手順について，「手順8：管理の必要性と目的の合意」を経ずに，科学者が「手順11：管理手法」まで進めた場合，どのような問題が生じるか推察せよ。

演 習 問 題　　*119*

【6】 リスクコミュニケーションにおいて意見が対立した場合，相互理解を深め，信頼関係を築くために科学者がなすべきことを挙げよ。

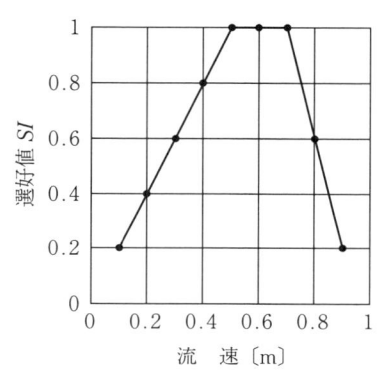

図 6.14　流速に関する選好曲線

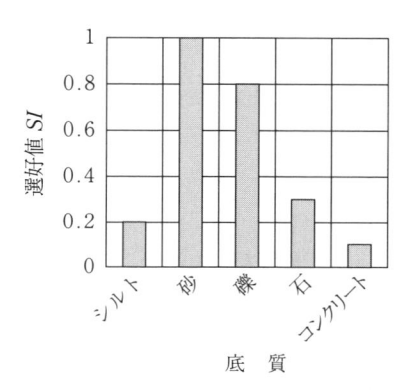

図 6.15　底質に関する選好曲線

7

環境保全技術

本章では自然環境に対し行われる保護，保存，保全，復元などの対策（行為）の違いについて，生態系の管理手法の分類から解説する。そして，市民でも取り組める環境保全活動となったビオトープに関して学習する。

7.1 環境保全技術の定義

自然保護を考えるときには，保存や保全という言葉がしばしば用いられるが，明確に区別されないこともある。オーストラリアの哲学者ジョン・パスモアは「保全の思想は，自然環境を人間のための道具であるとみなす。これに対して保存の思想は自然環境にそれ自体の価値が備わっているとみなす」と著書『自然に対する人間の責任』（岩波現代選書）の中で述べている。つまり保存とは「自然のために自然を守ること」，保全とは「人間のために自然を守ること」といえる。また，保護とは「気をつけてまもること。かばうこと」（広辞苑）とあり，保全と保存の両方を兼ねた用語といえる。

自然の改変を伴うようなダム事業や干拓事業などが計画されると，事業に危機感をもつ人々から反対が起こる。この反対にも二つの考え方が存在している。森林開発を例に挙げると，保存の立場から「森林の生態系は，複雑で微妙なバランスで成立している。一度破壊すると，二度と再生しない貴重な存在である」というものと，保全の立場から「森林伐採により森林の保水機能が低下し，洪水や地滑りの危険性が高まるので反対」というものである。そして保全の考え方はときに反対の立場ではなく開発に賛成する立場に立つこともある。

7.1 環境保全技術の定義

それは「自然保護とは，そこに生きる人間が自然を賢く利用し，管理することである」という立場で，行き過ぎた自然の改変は問題であるが，人々の生活の安心安全や自然と触れ合う機会を供する場をつくることが自然保護（自然との共生）につながるので，開発に賛成するものである。そう考えると保全とは，その行為が「人間のためになるかならないか」が判断基準になるといえる。

自然保護の分野では，生態系を**表7.1**のような目的で管理している。**保存**（preservation）とは，自然の遷移過程に手を加えない方法で，例えば，山火事や病害虫が発生しても守るという行為を行わないものである。アメリカの国立公園制度が代表的な事例である。イエローストーン国立公園で1988年に発生した火災が2ヶ月半にわたって燃え続け，その間消火するか否かで大きな議論があったが保存の立場が貫かれた。結果的に，森林の喪失はあったものの高熱でしか発芽しない種子が発芽したり，大木がなくなり太陽光が地表に届き，新しい草本が茂ることで生態系が豊かになったといわれている。**防御**（protection）は，荒廃させないように人為的な管理を行うもので，周辺環境の悪化の防止や病害虫，災害の影響の排除である。日本においては天然記念物の制度が代表的

表7.1 生態系の保護・管理手法と生態工学 [1]

手法	解説
保存 (preservation)	自然生態系を人手を排してそのままの状態にしておくこと ・アメリカの国立公園制度 ・原生自然環境保全地域（自然環境保全法）
防御 (protection)	自然生態系に対する外圧を排除してその荒廃を防ぐこと。周辺環境の悪化の防止や病害虫，災害の影響の排除 ・天然記念物（文化財保護法）
保全 (conservation)	自然生態系を資源的にも利用しながら，荒廃させないように維持・管理すること
回復・復元 (restoration)	破壊された生態系を元の生態系と同一の機能と構造に戻すこと
再生 (rehabilitation, regeneration)	破壊された生態系の機能や構造の一部を回復すること。機能は元の生態系と同一レベルに戻ったが構造が異なる場合のように，生態系の回復が完全ではない場合
創出・創生 (creation)	従来存在した生態系とは異なる機能と構造の生態系をつくり出すこと。同一の場所に目的とする生態系の回復することが不可能な場合に，別の場所に創出すること

で，トキや屋久島のスギ原生林などが指定されている。**保全**（conservation）は，資源的に利用することを前提に人為的な管理や制御を行うものである。林業地域や里山を適切に管理して生産性を得ることや，観光やレクリエーションのための自然管理が含まれる。

　破壊された生態系を元の生態系と同じ機能と構造に戻すことを**回復**（restoration，または**復元**）といい，機能や構造の一部を回復することを**再生**（rehabilitation）という。両者の明確な区別はされない場合が多いが，沿岸域の藻場再生事業を例に挙げると，海草・藻類の生育基盤の造成や植物の種や苗である種苗の移植や，胞子を放出する成熟した母藻を投入する行為が再生で，両者を合わせて生態系が元のよい状態になることを回復と理解してよいだろう。あるいは海草・藻類の生育基盤の造成だけに注目して回復という場合もあるかもしれない。

　一方，**創出**（creation，または**創生**）は以前は存在していないが，管理することを前提に新たに場を創り出すことである。

　2002年に成立した自然再生推進法の中では，自然再生事業を河川，湿原，干潟，藻場，里山，里地，森林，その他の自然環境を対象として，以下の四つの行為を説明している。良好な自然環境が存在している場所において，その状態を積極的に維持する行為としての「保全」，自然環境が損なわれた地域において，損なわれた自然環境を取り戻す行為としての「再生」，大都市などの自然環境がほとんど失われた地域において，大規模な緑の空間を造成するなどによりその地域の自然生態系を取り戻す行為としての「創出」，再生した自然環境の状態をモニタリングし，その状況を長期間にわたって維持するため必要な管理を行う行為としての「維持管理」である。

　現在，維持管理には順応的な方法が取り入れられている。**順応的管理**（adaptive management）とは，生態系の管理・復元において，計画を仮説，事業を実験とし，モニタリングの結果によって仮説の検証を試み，その結果に応じて，新たな計画（仮説）を立て，よりよい働きかけを行う取組みである。

　表7.2は河川生態系における生態学的な視点からの技術分類の事例を示し

表7.2 河川における技術分類用語と生態系の健全度[1]

| 分類 | | 生態系の健全度 | 解説 | 具体例 |
技術	用語	技術適用 現在 直後 将来		
保全技術	保存	○ → ― → ?	選択としての回避	
	保護	○ → ○ → ○	対象生物が存在	水生植物・動物の貴重種の保護
	保全	○ → ○ → ○	ある空間が対象	河畔林やワンドの保全 人工的な稚魚の育成・放流
修復技術	復元	○ → △ → ○	現状を一時的に破壊するが,前の状態あるいはそれに近い状態に戻す手法	蛇籠など,隙間への土砂堆積によって植物育成可能な護岸
	再生	× → △ → ○	前の状態を目標として,同一の機能をもつ生態系や自然をつくり出すこと	コンクリート護岸の覆土と植生
	修復	△ → △ → ○	自己回復・修復のために,最低限の人為的な管理や制御を行うこと	直線化した河川の再蛇行化による多様な生息空間の形成
創生技術	機能強化	△ → ○ → ○	現在有する生態系の質や機能をさらに高めるために,人為的な管理・制御を行うこと	護岸における材料を工夫して水質浄化機能を強化
	創生	× → △ → ○	以前は存在していないが,管理することを前提に新たにつくり出すこと	瀬と淵,ワンドの形成,河川敷でのビオトープの造成

〔注〕 ○:生態系として自立,維持されている状態
△:○より,自立性,自己修復性に劣る状態
×:破壊された状態,または存続できない状態

たものである。ここでは人為的に管理できるレベルとの関係から保全技術,修復技術,機能強化・創出技術という分類を行っている。表7.1の分類に対応させると,保全技術とは「自然に手を加えない,もしくは多少加えても従来ある自然を尊重する技術」といえる。修復技術は「本来あった自然を考慮しながらも,必ずしも前と同じ状態に戻すことにこだわらず自然を育む技術」といえ,保全技術よりも人為的な作用を意識したものである。そして,機能強化・創生技術は「本来あった機能のレベルを向上させる,別のものを付加する」ための技術が相当する。図7.1に河川における技術適用例を示す。

7. 環境保全技術

<u>水際植生の修復と保全</u>
　植生により水際の流速が緩やかになるため，横断方向の流速が多様になる。
水際植生は魚類をはじめとする水生生物が外敵から身を隠したり，稚魚が
生息したりする場となる。すでに植生が存在する場合は，保全する

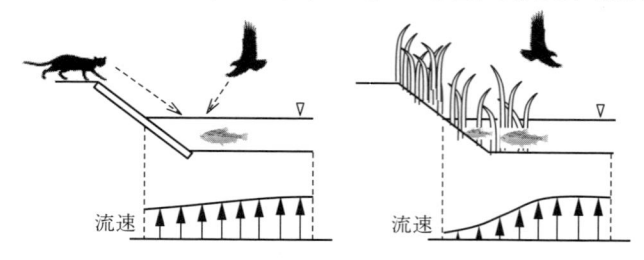

<u>隠し護岸による水際部の修復</u>
　水際部に護岸を入れるのでなく，水際部から後方に護岸を立てて入れ，流
水部を自然に近い構造とする。河床幅を広くとることができ，流水作用に
よる多様性の回復が期待できる

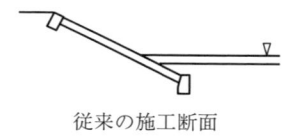

従来の施工断面　　　　　　　隠し護岸による工夫の例

<u>連続性の回復とワンドの創生</u>
　魚類の産卵場，生育の場として機能
してきており，氾濫原的湿地の再生
や創生が求められている

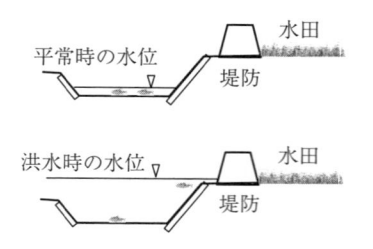

河床掘削により河床が低下し，氾濫　　　ワンド，水田など氾濫原の機能
原との連続性の失われた断面

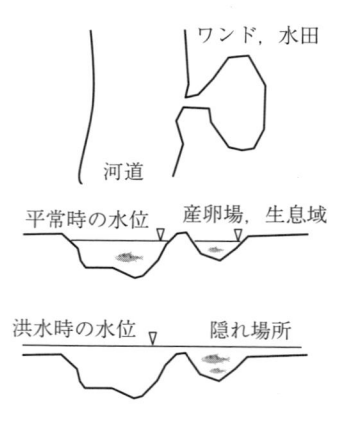

図 7.1　河川横断面における生態系の機能と技術適用例 [2), 3)]

7.2 ビオトープ

7.2.1 ビオトープとは

ビオトープ（biotop）とは，特定の生物群集が生存できる条件を備えた地理的な最小単位を意味する．ハビタットと類似した概念であり，しばしば同じ意味に用いられることもある．ハビタットは個体あるいは個体群を主体として，その生育・生息に必要な環境条件を備えた空間を示す．その空間はさまざまな個体や個体群にも共有されている．これに対し，ビオトープは生息場所の空間単位であり，明確な境界によって区分でき，その空間は生物相によって特徴づけられる．例えば，ビオトープは均質な空間なので地図上で色分けが可能であるが，ハビタットは明確な境界がないこと，空間の重複が生じること，などの理由で色分けすることができない（**図 7.2**）．

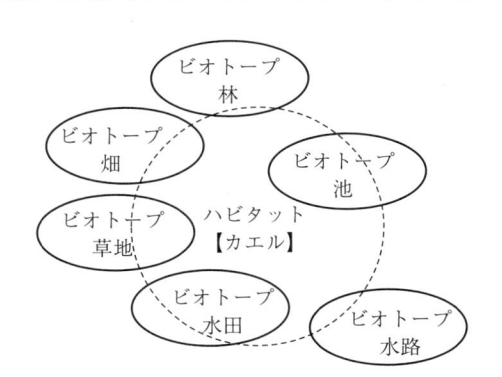

図 7.2 ビオトープとハビタットの概念の違い

日本では，ミティゲーションで創造された空間や，都市域に創造された生物生息空間を指す用語として，1990年代に入ってから盛んに用いられるようになり，人工的につくられた池がビオトープであるというイメージが定着している．ビオトープであるかどうかの最低条件は，その地域のさまざまな生き物が地域の生態系の一部として成り立っているかどうかである．

ビオトープは，対象とする大きさや複雑さがまちまちであり，大きくは森林

生態系から雨の後にできた水たまりといったものまでが，それぞれ一つのビオトープとしてとらえることができる。日本の田園風景は，人間には連続した景観単位として一つのビオトープに見えるが，メダカやタニシなどの水生生物にとっては田んぼと水路が連続していない場合は，別のビオトープとなる。視点を変えるとビオトープの区切り方は変化する。あらかじめビオトープの成立の仕方や地形，植物群落の違いによって自然環境をタイプ分けした**ビオトープタイプ**（biotop type）を決めておくと整理しやすくなる。

地域の自然環境を全体として保全するには，地域にある自然環境のタイプを体系的に把握することが重要であり，ドイツでは国，州，自治体レベルでビオトープタイプのリストが作成されている（**表7.3**）。これによって地域の生物多様性の全体像を把握することができる。

表7.3 バイエルン州におけるビオトープタイプ[4]

グループ	主なビオトープタイプ
水　域	小川，ヨシ原，水辺の樹林，止水域など12タイプ
湿地帯	高層湿原，低層湿原，沼地など，9タイプ
開けていて乾燥した場所・貧栄養地	貧栄養草地，粗放的な緑地，瓦礫の野原・岩場など11タイプ
森林（自然保護法指定のもの）	水辺の森，岩場の森，ブナの森，松の森など10タイプ
藪・ヘッジロウ・樹林のかたまり	耕作地内の森，ヘッジロウ，湿地の藪，果実園など7タイプ
都市部	開墾地，並木道など6タイプ
アルペン地域	ヨーロッパハイマツの森，雪原の植生，氷河など11タイプ
その他の地域	植物のない水面，自然のままの地面など4タイプ

ビオトープタイプの中では，その環境に適した，似たような種が生息している。同じビオトープタイプに共通して生息する種や種のグループを**生態学的指標種**（biological indicator species）という。環境のタイプの維持を目的としたビオトープの保全には，この指標種が保全目標種として有効である。例えば6.2節の表6.7と表6.8に示す生物指標による水質階級の考え方は，水質の違いによって生息する生物が異なることを利用して，生物調査結果から水質の

状況を把握するものである。この他にも，自然の豊かさを示す生物多様性，生物生息地としての重要さを示す絶滅危惧種，希少種などの存在は，自然環境の変化や都市化の影響を総合的に把握するための指標となる。

7.2.2 ビオトープの現状

　ビオトープは，環境問題に取り組んだ効果をわかりやすく認識することができ，子供を含めた個人から国際的なものまで，さまざまな立場から取り組める環境保全対策の一つである。わが国においても国土交通省，農林水産省，経済産業省，環境省などの中央省庁や，自治体でビオトープ事業に取り組んでいる。こうした取組みが先行し，人工池，人工湿地など人為的に生物が生息できるようにつくり出された空間のみがビオトープとして認識される誤解を招いている。

　人為的につくり出されるビオトープには，自然生態系の維持・保全を目指すものと，学校ビオトープなどに代表される教育の場，都市空間における憩いの空間をつくることを目指す二つの流れがある。前者は，人の利用を前提とせず，自然の遷移を尊重している。このため長期的な計画が立てられ，地形や周辺環境に適した大規模な**ゾーニング**（zoning）が行われる。都市部におけるビオトープは，寸断されたり，狭小化した在来の生態系を中心に，小面積でも野生生物が生息できる自然環境が創出されることがビオトープ保全の最初のステップとなる。またビオトープを見た目の緑の量だけに着目して評価しがちであるという批判を受け，管理の容易さから，本来そこに生息しない外来の樹木や植物を導入すれば，生態系の撹乱要因ともなる。一方，学校ビオトープ，屋上ビオトープなどは，人の利用を前提としており，制限された空間の中で，教育や憩いの効果が得られるように細かいゾーニングが行われる。この中では短期的な計画の下で，遷移を妨げるような人為的な管理が行われる。しかし，造成後の管理は必ずしもできているとはいえず，放置すると藪になったり，蚊やナメクジなどの不快な生物の発生を招いたりと，さまざまな問題を生じている。

自然環境中に存在する**表7.3**に示すようなビオトープタイプは，その場と周辺の気候，地形，地質などの環境条件と過去の人間の関わりの中で決定されている。特に場所の地形条件は重要であり，例えばもともと地形として湿地や池に適さないところに池をつくることは，自然再生とはいえないし，土壌水分の関係で池が枯れてしまうこともある。現在，存在するビオトープタイプは，その場所の遷移の結果あるいは過程であることを十分に認識し，その環境に適した保全方法を計画しなければならない。

7.2.3 ビオトープの保全

ビオトープの保全の目的は，各種生態系の保全，ゲンジボタルなどの特定種の保全，水辺環境の創出などさまざまである。これらの保全方法についても，人為的な管理をしない保存，人為的な管理をする保護のどちらが適切なのか，あるいは目標とする環境をいつの時代にするのが適切なのかなど，さまざまな検討事項がある。保全方法の一部にはマニュアルがつくられているものもあるが，ビオトープの保全事業・活動には地域性があることや，自然が対象となるため，その遷移に沿った創意工夫がなされながら行われている。

ビオトープの保全事業・活動の効果は，保全の目標とした保全目標種あるいは指標生物（6.2節の表6.3）の生息状況によって把握することができる。ビオトープの中で保全の目標とした種が生息し，再生産が行われるためには，その種の生存と関係をもつさまざまな要因が，同時に維持されていなければならないからである（**表7.4**）。つまり，生態系は，生物と生物，生物とそれを取り巻く周囲の環境要素との相互作用によって成立するシステムなので，その生

表7.4 保全目標と相互関係にある環境の保全

保全目標	相互関係にある環境の保全
土　壌	土壌を豊かにする土壌微生物の生息環境の保全
植　物	植物が生育する土壌環境の保全と，送粉昆虫や種子散布を行う鳥などの生物の生息環境の保全
動　物	（植物食）餌となる植物が育つ生育環境の保全 （動物食）餌となる動物や昆虫が育つ生息環境の保全

態系の一部である種を守ることは，これらの関係性のすべてを保全することを意味している。

さらに，その種が生涯において必要とするすべての環境条件も必要となる。**図7.3**はゲンジボタルの生活史の各ステージに必要な空間や条件をまとめたものである。初夏の成虫は，交配相手を探すため暗い飛翔空間と昼間の休息場となる植生が必要となる。卵は水ゴケに産み付けられるが，コケが乾燥しない日陰と，孵化したときに水中落下できるような水際の場所が必要となる。幼虫期を過ごす河川中では，ゲンジボタル唯一の餌料であるカワニナが存在していなければならない。そして蛹になるために水中から上陸できる物理環境と

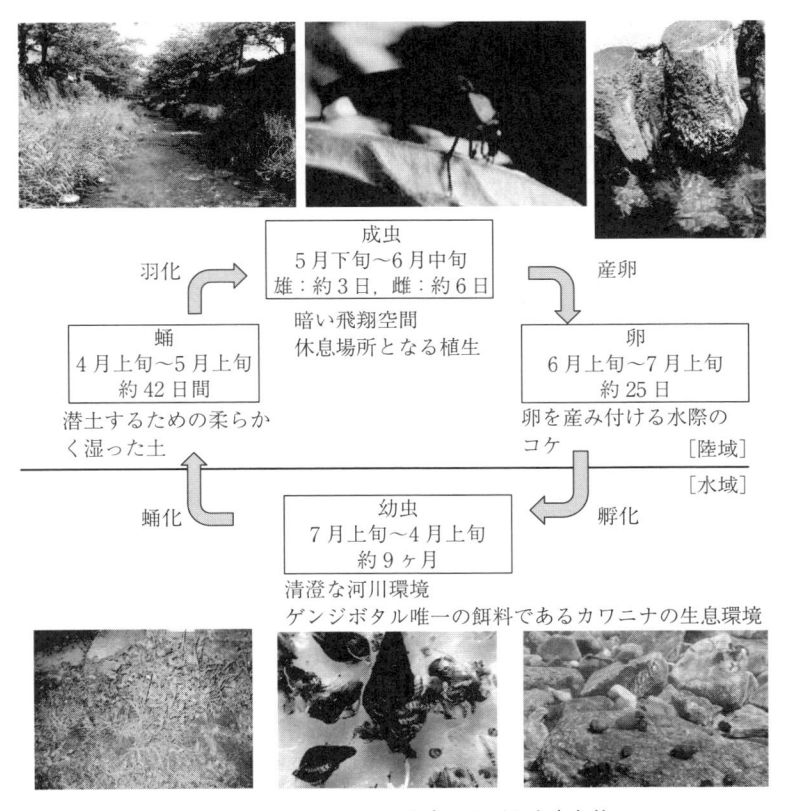

図7.3 ゲンジボタルの生息に必要な生息条件

上陸した先に潜土できる柔らかい土が必要となる。緑化ブロックであっても潜土できる状態の土がなければ，幼虫は力尽き，外敵に捕食されることになる。蛹の期間は，潜土した高水敷や護岸の土が乾燥しないように樹木により日影が創出されていなければならない。河川敷とも呼ばれる高水敷(こうすいじき)に散歩道があると，土が踏み固められてしまうおそれもあり，人の立入りなどにも注意が必要である。

このように多様なビオトープタイプを必要とするものには，陸上と水中の両方を利用する両生類，河川と海を行き来するサケやアユなどの回遊魚，繁殖地と越冬地を行き来する渡り鳥などがある。陸上と水中を分断するような道路，魚類の回遊を妨げるダムや堰などの河川横断構造物，渡り鳥の移動の際の中継地（休息地）の埋立てなどは，生物の生息に重大な支障を与えることになる。

表7.5 ビオトープの地理的条件が保全効果に及ぼす影響 [5), 6)]

よりよい	より劣る	解　説
●	●	面積の大小の比較：面積が広いほど食物や生息場の要素が多くなり，より多くの個体を維持できるため，保全の効果が高まる。
●	∴	分割数の比較：同じ面積が保全される場合，小さく分けるよりも一つにしたほうが，面積による保全効果が期待できる。
∴	∴	個々の保全区域の配置の比較：保全区域の間の距離が近いほど，移動が容易である。種内であれば遺伝的多様性の拡大につながり，群集レベルであれば，絶滅した種の補充が期待できる。
●● ●	●●●	複数の保全区域の配置の比較：保全区域の距離が等間隔でない場合，距離の違いに応じた差が遺伝的交流や種の補充などの重要度の違いとなって表れる。
●-●-●	●●●	ビオトープネットワークの比較：コリドーが保全区域内とよく似た環境であれば，回廊の幅が広いほど移動は容易となる。
●	⬬	保全区域の形状の比較：円形に近いほうが多くの内部環境を維持できる。区域の縁の部分はエッジ効果を直接受けるため外部の影響を受けやすい。
◉	●	バッファゾーンを設けた場合の比較：重要な区域（コアエリア）への外部からの影響を緩和するために，バッファゾーンを設ける。

表**7.5**は，保全区域の地理的条件が保全効果に及ぼす影響について，原則的な考えをまとめたものである．生物を保全していく上で，保全区域の面積は大きいほどよく，同一面積であれば円形に近いほうがよい．さらに独立しているよりも連結しているほうがよいとされている．個々の保全区域が，生物が行き来する**コリドー**（biological corridor，または**回廊**）や踏み石ビオトープでネットワーク化されていると，開発によって分断・孤立・点在していた保全区域どうしがつながり，面的な広がりをもつようになる．河川の落差工や堰など，生物が移動する際の障害物を取り除くことはコリドーや踏み石ビオトープを設けることと機能的には同じ効果を得る場合もある．さらに，コリドーは空間的に移動しやすい状態を確保しておかないと，回廊の役目を果たすことができない．こうしてできた広がりにより，他の生息地の個体との交配が可能となり遺伝子の多様性が維持される．その結果，病気や環境の変化に対し，全滅せずに生き残る個体の確率が高まる．生息地が孤立していると，近親の個体間で

コーヒーブレイク

地域個体群の遺伝的特性

　身近な問題に目を向けてみると，多くの野生生物は地域に土着して生育・生息している．この選択により，地域に根づく生物は，それぞれの地域の環境に適応した遺伝的な特徴を獲得してきたと考えられる．このため，移動能力がそれほど大きくない生物は同じ種でも地域によって遺伝的特性や生態的特性が異なることが多く，種を単位とする把握では十分でない場合がある．わが国のレッドデータブックでは，原則的には種を単位として絶滅の危険性を検討しているが，一部の種については生物地理学的な重要性の観点から「絶滅のおそれのある地域個体群」として絶滅の危険を検討している．遺伝子の多様性（種内の多様性）が低下すれば種の遺伝的劣化が進んで絶滅の危険性が高まる．実際の個体群を考える場合は，これらの地域個体群の遺伝的特性に配慮し遺伝的交流を避けるのか，あるいは，個体数減少による近親交配を防ぐために，ビオトープの連結によって遺伝的交流を進めるか，難しい判断が求められる場合がある．いずれにせよ，環境保全技術による土木工事やビオトープの現場は，遺伝的な地域特性に配慮できる機会なので，判断の基準となる個体群について正しい情報を調査により得る必要がある．

の交配が進む**ボトルネック効果**（bottleneck effect）により遺伝子の多様性が低下する。また，保全区域外からの化学肥料や殺虫剤，人や家畜による踏圧などの影響を緩和する**バッファゾーン**（buffer zone）や，保全区域の境界線上の急激な環境変化が生物の移動を妨げないように，緩やかに境界付近の環境が変化するような**エコトーン**（ecotone，**移行帯**）を設けるように努めなければならない。

演 習 問 題

【1】 自然保全と自然保存という言葉は，明確には区別されずに用いられることが多い。自然環境の保全と保存の違いを説明せよ。

【2】 ホタルを呼び戻す活動として，別の地域で増えたホタルを移入した。この活動の問題に問題点がある場合は，その問題点を指摘せよ。

【3】 ビオトープがコリドーでつながりネットワーク化されることのメリットを説明せよ。

【4】 ビオトープの保全事業・効果を評価する指標生物について説明せよ。

【5】 つぎの用語を説明せよ。
エコトーン，　エコトープ，　エコシステム，　ハビタット，　ビオトープ

8

各種生態系の保全と管理

　本章では，森林生態系，河川生態系をはじめとする各種生態系について，その特徴をまとめるとともに人為的な活動が生態系に及ぼす影響について説明し，その保全と管理方法を概説する。

8.1 森 林 生 態 系

8.1.1 森林生態系の概要

　植生のうち高木が優先するものを森林という。国連食糧農業機関（Food and Agriculture Organization of the United Nations, FAO）は森林を「高さ5m以上かつ樹冠被度10%以上の樹木，もしくはその土地においてこれから基準に達しうる樹木が存在する面積0.5ha以上の土地。ただし，果樹園や農林複合経営用地は含まない」と定義している。この定義によると世界全体の森林面積は約40億haと推定され，世界陸地の約31%を占める。森林は温度，降水量などにより熱帯林，温帯林，寒帯林などが存在し，樹木の構成が異なる。このように森林の分布は一義的に気候で決まっており，人間活動が副次的に作用している。

　森林生態系において，生産者である植物は草本層，低木層，亜高木層，高木層やコケ層などからなる図*8.1*のような階層構造をもつことで多様な環境を創出し，その環境を利用する生物に多様な生息場を提供している。図*8.2*は森林生態系の物質循環を示している。樹木の葉は太陽の光エネルギーを用いて光合成による一次生産を行う。この一次生産で生産された植物から始まる生食

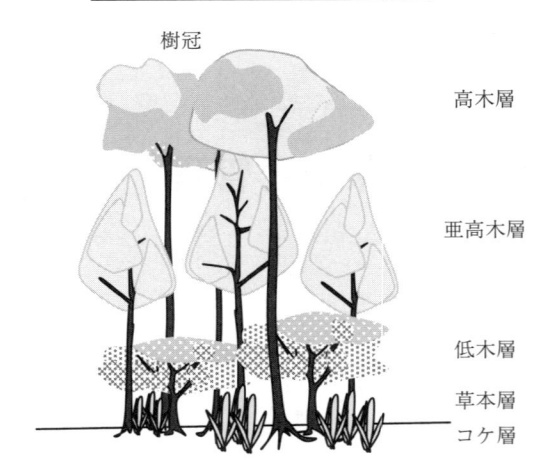

図 8.1　森林の階層構造

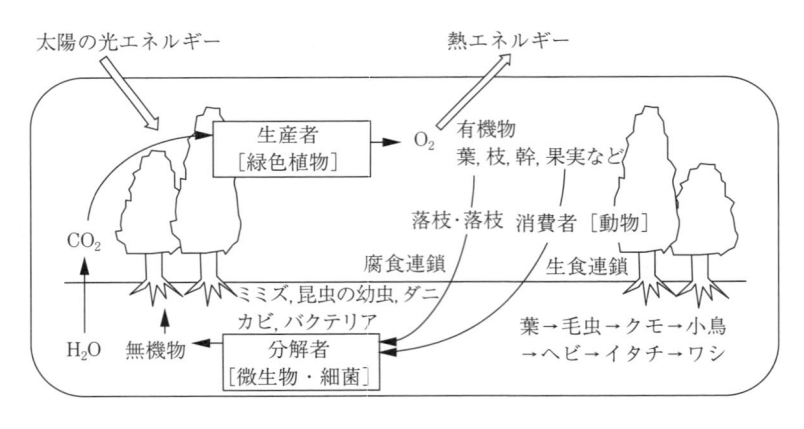

図 8.2　森林生態系における物質循環

連鎖の割合は，通常純一次生産量の数パーセント程度であるとされている。一方で，落葉の堆積した森林土壌も多様性の高い場所であり，落葉を食う小動物（ミミズ類，ヤスデ，ダニなど）と菌類およびそれらを食う昆虫類などの土壌生物群集が発達している。量的には土壌動物は樹冠層の動物よりも多く10倍から100倍ともいわれ，枯死有機物を食物源として利用する分解者から始まる腐食連鎖が成り立っている。このように森林生態系は，生食連鎖系に流れる物質に比べて，腐食連鎖系に流れる有機物量が卓越した系となっている。

8.1 森 林 生 態 系

　森林が維持されるためには，枯死する樹木のつぎの世代が成立し，世代交代（更新）しなければならない。しかし，新しい世代の樹木にも光などの資源を獲得できる空間が必要である。森林では，台風で樹木が倒れたり山火事で焼失したりすることによってその構造が破壊され，新しい世代の樹木が利用できる空間（ギャップ）がつくられる。このように森林が部分的あるいは全体的に破壊されるような現象を**撹乱**という。撹乱を受けた森林は破壊された構造を回復させつつ再生する（**図8.3**）。この再生過程が**遷移**である。撹乱には，**表8.1**に示すような発生要因により，**自然撹乱**と人間の活動に由来する**人為撹乱**に大別される。森林生態系が健全である場合，温度，湿度，光，風，面積減少などの環境変化に対して，森林生態系を構成する生物の生育の許容範囲内であれば，安定を保つように生物は対応していくことができる。しかし，環境変化が，生物の生育範囲を超えるものであれば，生物は他の好ましい環境を求めて

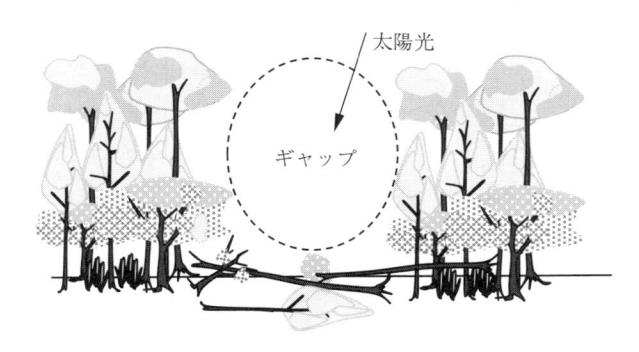

図8.3 倒木によるギャップの形成

表8.1 撹乱のタイプ

タイプ	撹乱の具体的な例
自然撹乱	自然現象の一つとして発生 風倒撹乱：強風によって樹木が倒伏する，葉が散る，枝，幹が折れる。 土への侵食や堆積による撹乱：土砂の移動現象による。侵食，堆積，斜面の表層崩壊，地すべり，土石流，洪水 森林火災：地球規模でみると森林火災が主要な自然撹乱の一つ その他：動物による摂食，病虫害　など
人為撹乱	人間活動に由来 森林伐採，草刈，焼き畑，農地の耕耘，埋立て，ダム建設　など

8. 各種生態系の保全と管理

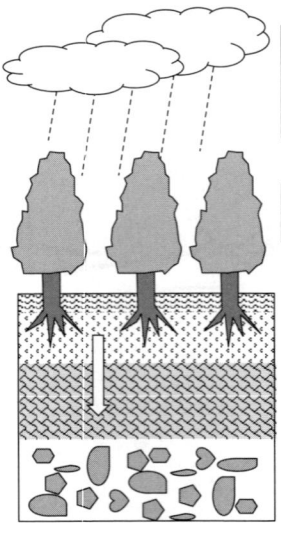

移動するか，それもできずに消滅することになる。

　森林は環境保全，生物多様性保全，物質生産，保健・休養などのさまざまな機能をもっている（**図8.4**）。気温変化の緩和と水源涵養には環境保全機能が含まれている。気温変化の緩和機能は葉の蒸散により水蒸気が大気中の熱を気化熱として奪い，葉群(はむら)が太陽光を反射することで森林内部の過熱を緩和している。さらに樹木は光合成によって二酸化炭素を吸収し，大気中の二酸化炭素濃度を調整するとともに，樹木や落葉などを通して土壌中にも大量の炭素を蓄積している（二酸化炭素の吸収・貯蔵）。**水源涵養機能**（water head conservation）は洪水緩和，水の貯留，水量調節，水質浄化などさまざまな機能と関連している。植物の葉群は降雨の水滴の落下エネルギーを吸収し，降雨による土壌侵食を緩和している。森林の表層土壌は土壌生物の作用により団粒構造をもち，降雨の地中への浸透割合が高くなっている。この作用により，**図8.5**のように

図8.4　森林の機能

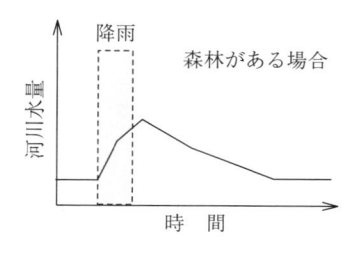

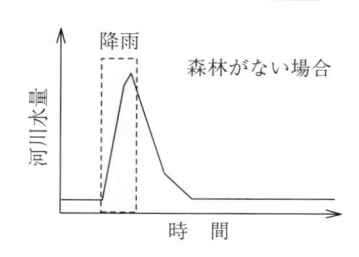

図 8.5 森林の洪水調節機能

　森林がある場合は土壌に一時的にたまった水がゆっくりと川に流れ出すことで流出量のピーク抑え洪水を予防したり，降雨のないときでも川に水が流れ出ることになる（洪水と渇水の緩和）。一方で，森林がない裸地の場合，降雨は土の表面を流れてただちに川に流れ込み，流出量のピークが高くなり洪水発生の一因となる。また，森林土壌は降雨を土に浸透させることで表面土砂の流出を防止し，樹木の根は土壌層から基岩層までをしっかりと捕捉し，土砂崩壊を防止している。流出する土砂の量に関しては，荒廃地では 307 t/(年・ha)，耕地では 15 t/(年・ha)，森林では 2 t/(年・ha) と見積もられている（土壌の侵食と流出の抑制）。

　その他，森林で生産された林産資源は木材，紙の原料，燃料などに利用される他，自然とのふれあいの場を提供したり，伝統的な文化を育む場として利用されている。

8.1.2　森林生態系の現状と課題

　国連食糧農業機関が発表した世界森林資源評価 2010 によれば年平均 1 300 万 ha の森林が消失し，増加分を差し引くと年平均 520 万 ha の純減であると報告している。特に，南アメリカやアフリカなどの熱帯林を中心に減少しており，その原因は人口増加に伴う世界的な食糧やバイオ燃料などの需要増加による土地利用の転換，焼き畑農業，燃料用木材の過剰な採取などの人為撹乱であるとされている。焼き畑農業では，十分な回復期間をおかず再び利用することで，森林が再生しなくなっている。燃料用木材に関しても，アフリカでは現在

でも木材需要の約9割が薪炭材として利用されている。これらの火の不始末，落雷などが原因となった森林火災も大きな問題となっている。この他，北欧や北米で1990年代に急速に顕在化してきた酸性雨による被害も甚大である。さらに酸性雨によって，森林土壌中のアルミニウムなどが溶け出し，土壌が有害化し，森林が枯死する被害が大きな問題となっている。

　日本は南北に細長く亜熱帯，温暖帯，冷温帯に属し，高原を除いて植生の極相は森林である（2.5.3項 参照）。その中には人手を加えないと維持できないマツ，スギ，ヒノキなど人工林がある。戦後の復興を機に，落葉広葉樹林を中心とする天然林の多くが伐採され，人工林へと変容し，新たな土地の造成，ダム開発などによって森林生態系が大きく影響を受けている。森林が伐採されると，まず森林および土壌の保水・水理機能が失われるので，降雨時の河川流量が増加したり，無降雨時には渇水するといった不安定が生じる。また，物質循環が途切れることによって，窒素やリンなどの栄養塩類の流出が進み，森林生態系を維持できなくなってしまう。国土の67%が森林であるわが国では，極相林にかぎらず人工林，半自然林などのすべての森林を健全に維持・管理することは，われわれの生活基盤を支えるだけでなく，森林に依存するさまざまな生態系を保つ上でも必須である。

8.1.3 森林生態系の保全と管理

　日本の森林は，その所有形態によって国が所有する国有林（「国有林野の経営管理に関する法律」）と国有林以外の森林の民有林に大別できる。日本の森林面積は約2 500万ha，そのうち約30%の785万haが国有林であり，水源の保護や災害防止を主な目的とした「国民の共通の財産」として保護されている。表8.2に自然林，半自然林，人工林の三つのタイプの森林の特徴と保全・管理の方法を示す。自然林は天然記念物，国立公園の特別保護区，林野庁の学術参考保護林，自然環境保全法による原生自然環境保全地域，その他の自然保全地域など区域指定による保護が一般的である。半自然林は，安定した恒常的な人間活動の影響を受けることによって安定した群落である。したがって，単

表 8.2 森林生態系の型と保全・管理から見た特性[1]

森林のタイプ	自 然 林	半自然林	人 工 林
成　　因	自然過程（気候，地形など）	人為影響下（薪炭林，択伐など）での自然過程	人工的に創生
生物学的多様性	多　様	特殊化	単　調
生態系の構成要素（生産者・消費者・分解者）	調和型	やや非調和	非調和
生態系の維持機構	自然過程	一定の行為	初期管理
更 新 機 構	種子・萌芽	萌芽・種子	植　栽
更 新 単 位	パッチ	施業単位	施業単位
野 生 生 物	繁殖地	繁殖地・移動路	移動路・中継地
保 全 手 法	保護区	一定の行為	管　理

に人間の立入りを禁止するなどの保護政策をとってしまうと，遷移が進み，当初意図した目的と異なってしまうおそれがある．これらの二次的自然を維持するためには間伐に代表される森林の管理が必要となる．過密になった森林は太陽の光エネルギーを獲得する競争に負け，幹を太くできず，全般的に痩せ細った樹木からなる森林となって，風害や雪害などの被害を受けやすくなる．間伐は，こうした成長過程で過密になった樹木を適当な密度にする作業である．人工林では，伐採後に植栽することを繰り返すため，間伐，下刈り（苗木が雑草との成長競争に負けないように，雑草を刈り払う作業），枝打ち（植林地の下草に陽を当て森林全体を健全に保つために葉の付いた枝を切る作業）などの管理がつねに必要となる．

　人間のさまざまな活動の影響で変容する森林生態系を保全していくには国，地域，さらに個々の森林開発，利用行為のそれぞれのレベルで体系的に保全を進めていく必要がある．さらに，炭素の貯蔵という意味でも国際的な合意の下にグローバルスケールでの取組みも必要である．

8.2 都市生態系

8.2.1 都市生態系の概要

都市とは「多数の人口が比較的狭い区域に集中し，その地方の政治・経済・文化の中心となっている地域」（大辞泉）と定義されている。人間は社会活動を営む中で，身近な自然環境を改変・制御し，人が住み活動するための構造物をつくり上げてきた。そのため人工的要因が強く影響している空間である。このような都市空間における，物質・エネルギーを含む人間および自然要素の構造的，機能的なまとまりが都市生態系である。

都市における生態系の例を**図 8.6** に示す。都市の人間生活と都市機能の維持のためには多量の資源とエネルギーが必要である。しかし，都市生態系では緑色植物などからなる生産層がほとんど存在しないことから，食糧の供給は近隣の農耕地生態系や海洋生態系で，二酸化炭素の吸収や酸素の供給は近隣の森林生態系や海洋生態系によって行われている。このように都市生態系は独立しては存在しない点が自然生態系とは大きく異なる。また，人間が排出する廃棄物や人工的につくり出された化学物質が大量発生することで物質循環が停滞し，土壌，水域，生物体などに物質が蓄積しやすくなり，大気環境の変化（SO_x・

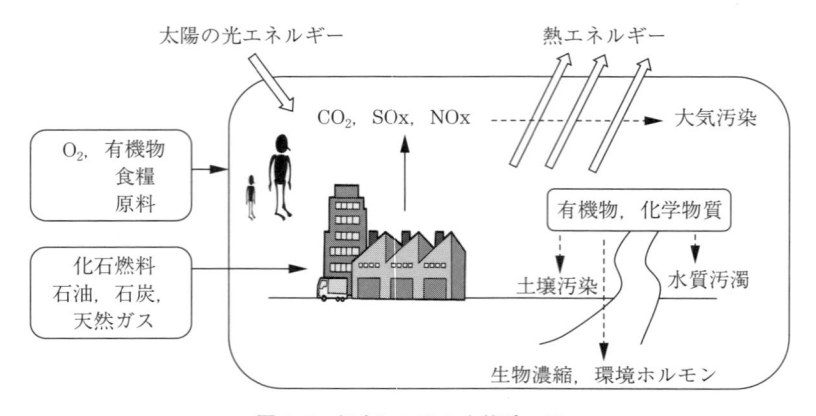

図 8.6 都市における生態系の例

NOxオキシダントなどの濃度上昇），気温の上昇，土壌汚染，水質汚染・汚濁，水循環の変化，地下水位低下，緑地の減少，騒音などの環境問題が発生する。

8.2.2 都市生態系の現状と課題

都市化に伴いその周辺においても森林や農耕地などの緑地の減少と分断化が起こり，土地利用は多様なものから単純なものへ変化した。このようにしてできた都市内に点在する残存林，緑地や池・沼は，その面積が小さい場合には生物の生息・生育環境の連続性と多様性を減少させることになり，持続的な構造も維持されにくくなる。亀山（1998）はこれらの現象を都市生態系のゆがみとし，その原因を**表8.3**のようにまとめている。さらに，都市生態系に地域外の移入種や外来種などが増加し，地域本来の生態系に影響を及ぼしている。

表8.3 都市生態系のゆがみの原因[6]

要　因	原　因
ハビタットロス	都市開発によって生物の生育地・生息地（habitat）が消失すること
環境の変質	生息地・生育地としての緑地が，大気汚染，土壌汚染，水質汚濁，乾燥化，地下水の低下などによって，生物の不利な状態になること
分　断　化	都市に残存する樹林や池沼などの生息環境が都市開発によって分断され，孤立していること

一方で，都市生態系において緑地などの緑は，物質循環の上からは生産者であるとともに，景観やリクリエーションなどさまざまな機能をもっている。都市の住民は便利で快適な都市生活の代償として郊外に自然を求めて行動している。この行動は，生物の存在基盤である緑が都市生活者にとっても重要であることを示しており，都市生態系の中に残る自然の代表である緑地を維持，拡大，回復していくことが求められている。

8.2.3 都市生態系の保全と管理

前節の問題の解決と要求に対して応用生態工学では，自然環境に配慮した都市づくりと，生物の生息に必要な具体的な空間の創出を行う二つの方向性を

もった方法があるとしている．都市づくりは，生き物の生息環境としての緑地を保全したり，ネットワークを構築したりすることによって都市の生物多様性を高める技術である．このためには，緑地を生物的に連結させるエコロジカルネットワーク計画，地形や生物などの特性や都市の自然環境に関する基礎的な知見が必要となる．都市における**エコロジカルネットワーク計画**（ecological network planning）は，都市化の進展に伴って失われたり変質したりしていく自然環境をどのように保全するかということを扱う技術である．これまで都市の環境の中で生き物を保全する技術としては，地域を指定してそれ以外の利用を制限することによって種や環境の保全を図るゾーニングの手法が用いられてきた．しかし，都市内にいる種の多くは多様な環境，複数の環境，あるいは複合した環境を必要とする種が多い．そこで，このような種や環境の保全を目的として，緑地を生態的にネットワークする手法が，エコロジカルネットワーク計画である．エコロジカルネットワーク計画を構成する要素としては，一般に，**表8.4**に示す保護区域，自然創出区域，生態的回廊，緩衝地帯などがあり，このような構成要素を生態的に適切な状態に配置する計画である．

表8.4 エコロジカルネットワーク計画を構成する要素 [24]

エコロジカルネットワーク計画を構成する要素	役割
保護区域（core area）	多くの生態系やたくさんの種が見られる区域で，種の供給源になるところ
自然創出区域（nature development area）	造成など人為的に配慮することによって生態的な価値を高めることのできる地域
生態的回廊（ecological corridor）	分断化された緑地の間を生態的につなぐ役割をもつところ
緩衝地帯（buffer zone）	周辺の影響が内部に及ばないように，区域の外側に設けられるもの

一方で，緑地の保存とともに，新たな環境を創出することも重要である．都市域では，生物の生存に必要な自然環境が少なくなり，人工的な環境が多くなっている．都市における環境創造に際しては，(1) 生物の生息環境の確保，(2) 周辺の生態系との連携，(3) 目標となる環境像の設定，を明確にしなけれ

ばならない.**表8.5**に取組みの例を示す.植物は動物に対しては餌や繁殖の場を提供しつつ,それより安定した植生へと遷移していくので,表中のいずれの取組みにおいても植生が環境づくりの最も重要な要素であるといえる.ただし,都市域の生垣(いけがき)や道路の分離帯では見通しを確保する必要があり,適切な植生の管理が必要である.

表8.5 都市における環境創出の取組み[24]

事 例	取組みの内容
エコロジカルパーク (ecological park)	自然に親しむことのできる公園や,生物の生息環境の確保
サンクチュアリ (sanctuary)	サンクチュアリは聖域という意味をもつが,いまでは動植物の保護区として一般に用いられている.例えば,バードサンクチュアリは,対象を鳥類に限定している.
屋上・壁面などの緑化技術	人為的な助けがなくては植物の健全な生育が望めない空間を緑化する.これらは人工地盤,屋上,壁面,屋内などを指し,建築,土木構造物の付帯空間であり,生物の生育のための必要不可欠な基本要素のいくつかが欠落している.
樹林の造成	樹林地は,樹木や草本が存在するだけでなく,動物や菌類などが存在する場所となる.

そのためには**モニタリング**(monitoring)が重要となる.モニタリングの目的は,ある対象を時間をかけて観察し,観察時の現況,時間的な変化の監視,変化の要因の把握と推定を行うことである.モニタリングを行うことにより,その後の変化について評価が可能となり,予想外の結果となった場合にも対応策をとることができる.モニタリングを通じ,結果が順調であればその整備計画の実施を継続し,そうでなれば分析結果から望ましい状態へ導くような修正案を実施計画へフィードバックすることが重要である.

8.3 農耕地生態系

8.3.1 農耕地生態系の概要

世界的に人口が急激に増加している現在,農業は人口増加に対応するために,農耕地を大規模化し,化学肥料や農薬を用いることで作物生産性向上を成

し遂げてきた。しかし近年，農耕地の劣化や環境影響，食の安全への高まりを受け，環境に調和した持続可能な農業が求められている。その実現のためには，農耕地を一つの生態系としてとらえ，その生態系を良好に保つ管理方法を示すことが重要である。

農耕地はわれわれが食糧を効率的に得るために生態系を単純化し，生産が最大限になるように管理した系である（**図8.7**）。農耕地では固くしまった土を柔かくほぐす耕耘（こううん），施肥（せひ），除草など農作物の成長を助けるための管理がなされている。農作物が系外へ運び出される一方で，系外から肥料，飼料，農薬などさまざまな物質が持ち込まれており，物質循環系が開かれた生態系であるといえる。食物連鎖では，農作物の生育にとって好適な環境をつくり出すため，その成長を阻害するような雑草，昆虫や草食動物を制限・排除することにより，生食連鎖を制限して農作物としての収穫を高めている。つまり自然生態系を極端に単純化した農耕地生態系は人間の強い管理下に置かれている。

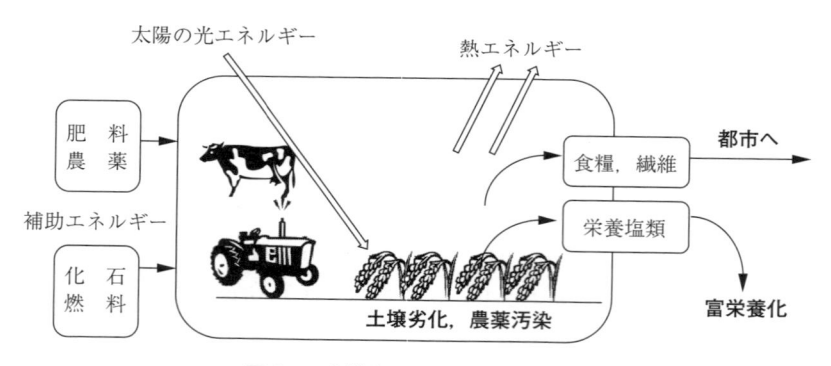

図8.7 農耕地における生態系の例

農耕地生態系の社会における役割は，**表8.6**に示すように食糧生産を行う経済的役割だけでなく，環境保全的役割や社会的文化的役割などがある。環境保全的役割では，農耕地を保つことにより雨水が表面水あるいは地下水として貯留されて水資源の確保に役立つ他，水田の働きは自然のダムとして知られている。また，現在ゴミの処分が世界的に大きな問題となっているが，その中で

表8.6 農耕地生態系の役割[1]

役割（機能）	具体的な項目
経済的役割	食糧の供給，食糧国際価格変動の緩和，衣服・住居の供給源，地域経済の振興
環境保全的役割	水資源の保全（貯水効果，洪水防止効果），生活環境保全（低騒音，自然景観，田園風景），地域資源循環利用
社会的文化的役割	教育的機能（自然の理解，調和と強調，忍耐力），人間性回復機能（趣味，観光農園）

も残飯類，食品工場残渣，下水処理場から発生する汚泥などの有機物は，農耕地への還元が可能である。

8.3.2 農耕地生態系の現状と課題

　農耕地生態系のエネルギー収支を考えると，太陽エネルギーを生産者である農作物が固定していくという流れは自然生態系と同じであるが，そこに人間が管理目的に投入する機械化に代表される石油などの補助エネルギーの投入が，大きなウェイトを占めている。補助エネルギーは，昔は畜力など自然エネルギーによるものであったが，近年は，化石燃料に由来する肥料，農薬，農業機械，被覆資材などの投入によって先進国の高い収穫量と作業効率が成し遂げられている。補助エネルギーの投入量を10倍にすれば2倍の収穫量が得られるといわれている。

　農作物の栽培には施肥を省くことができず，窒素，リン酸，カリウムの栄養3要素や微量養分などが施肥される。しかし，施肥された肥料のすべてが農作物の生産に使われるのではなく，かなりの部分が蓄積したり，系外へ排出されている。農耕地に投入された肥料が作物に吸収利用される効率は，窒素で20〜50％，リンで10〜20％，カリウムで40〜60％であるといわれている。このため肥料による水域の富栄養化や，畜産の糞尿中の窒素が硝酸となって地下水を汚染することが問題となっている。また，化学肥料，農薬の使用により腐食連鎖を支える土壌微生物の活動が弱まり，保水性・通気性のよい土壌団粒を形成する働きが弱まると同時に，重い機械の踏圧により土壌構造が壊された結

果，施肥による養分はあっても，植物根に必要な空気や水の供給能力が低下するなどの土壌環境の悪化が懸念されている。

世界では農業面積の拡大が進められる一方で，土壌劣化（砂漠化），塩類集積により収穫量の低下が問題となっている。農耕地を放置しておくと草原から森林へと植生が変化することになるが，耕耘や焼き畑は農耕地生態系の遷移を初期段階に戻す重要な働きかけとなる。しかし，行き過ぎると侵食により肥沃な表土の流出を促す要因となる。塩類集積とは，降水量の非常に少ない乾燥地において，地下水位の上昇に伴って土壌に含まれている塩分が毛管現象により地表まで上昇し，蒸発によって塩類のみ集積する現象である。これにより農作物が生育しない砂漠となっていく。

8.3.3 農耕地生態系の保全と管理

農業は，食糧の供給機能の他，国土や環境の保全といった多面的機能を有しており，このような機能を損なうことなく発展していくことが必要である。わが国においては，従来から「環境保全型農業」の取組みを推進し，土づくりや化学肥料・農薬の使用の低減を図ってきているが，いまだ不十分な状況である。環境保全農業は農水省の定義によると「農業のもつ物質循環機能を生かし，生産性との調和などに留意しつつ，土づくり等を通じて化学肥料，農薬の使用等による環境負荷の軽減に配慮した持続的な農業」としている。環境との調和を目指した農業生産活動規範には，土づくりの励行，適切で効果的・効率的な施肥，効果的・効率的で適正な防除，廃棄物の適正な処理・利用，エネルギーの削減，新たな知見・情報の収集が示されている。

環境保全型農業の視野を広げたものに環境調和型持続的農業がある。環境調和型持続的農業は，科学技術の導入によって高い生産性（経済性）と資源環境との調和を実現し，安全な食糧を供給することを目指す農業である。この目標達成のためにさまざまな技術的アプローチがあり，**表8.7**に示す生態系との調和，作物を栽培する耕種農業，畜産農業，政治・経済・社会の四つの側面がある。

8.4 ダム・湖沼生態系

表 8.7 環境調和型持続的農業の考え方[1]

	具体的な内容
生態系の調和	農業用水の適正使用，水質汚濁の防止，野生生物との調和，石油エネルギー使用の削減，野焼きによる大気汚染の防止，土壌浸食の防止
耕種農業	地理学的条件に合った作物の選択，農作物の多様性の向上，土づくりを中心とした圃場管理，化学合成農薬に依存しない作物保護
畜産農業	地理学的条件に合った家畜の選択，飼料の安定確保，適正な繁殖計画，家畜の健康の確保，放牧地管理，施設管理
政治・経済・社会	持続的農業の支援政策，土地利用計画，労働力の確保，地域社会計画，消費者の賢明な選択

石油エネルギーからの脱却をはじめ，地理的条件に合った作物の導入が，肥料・農薬の削減につながる。耕種農業と畜産農業を複合的に行うことで，家畜排泄物などの有機物の循環利用につながる。「政治・経済・社会」の側面も重要で，環境保全農業に関わる農家への支援や，農家と消費者が直接契約を結ぶ産直方式，地元で生産されたものを地元で消費する地産地消の推進などにより集約農業からの転換を図ることなどが考えられる。特に消費の動向は持続的な農業生産システムの成立には重要な要因となる。

8.4 ダム・湖沼生態系

8.4.1 ダム・湖沼生態系の概要

わが国における自然湖沼は870ほどあり，その半数が火口湖やカルデラ湖といった火山に関係するものである。また残りの半数が海岸に形成される海跡湖となっている。そのため，わが国の自然湖沼の多くは火山地域と外洋に面する海岸部に分布し，瀬戸内海や四国には少ない。これらの地域では古くから農業用のため池が整備されてきた。

一方，わが国には約2700ものダム（堤高15m以上のもの）があるが，その半数が農業ダムである。ダム湖は，水資源確保や洪水防止，発電などを目的として人工的に造られた水域である。湛水能力の高いダム湖は貯水や洪水調節，発電といった本来の役割に加え，自然湖沼とともに一つの生態系としても

大きな価値を有している。特にダム湖や自然湖沼がつくり出す壮大な景観は、そこを訪れる人々に憩いと安らぎを与えてくれるものでもある。

　栄養度による湖沼の分類として、調和型湖沼と非調和型湖沼がある。前者は、さまざまな生物が生息しうるのに対し、後者は酸性やアルカリ性が強いため、限られた生物しか生息できない。調和型湖沼は、さらに栄養度の程度に応じて**貧栄養湖**（oligotrophic lake）と**富栄養湖**（eutrophic lake）に分類される。両者の特徴を**表8.8**に示す。

表8.8　貧栄養湖と富栄養湖の違い

項　目	貧　栄　養　湖	富　栄　養　湖
水　色	藍色または緑色	緑色ないし黄色。水の華によりときに著しく着色する。
透明度	高い（5 m 以上）	低い（5 m 未満）
pH	中性付近	中性または弱アルカリ性。夏季に表層は強アルカリ性となることもある。
栄養塩類	少量	多量
溶存酸素	全層を通じて飽和に近い。	表水層は過飽和。深水層ではつねに著しく減少。消費は主にプランクトン遺骸の酸化による。
生産力	小さい	大きい
クロロフィルa	少ない（3～50 mg/m^2）	多い（5～140 mg/m^2）
植物プランクトン	貧弱。主に珪藻	豊富。夏には藍藻の水の華をつくる。
動物プランクトン	貧弱。甲殻類が主	豊富。ワムシ類が増加
底生動物（ベントス）	種類は多いが、酸素の不足に耐えられないものが多い。	種類は少ないが、酸素の不足に耐えられるものが多い。
魚　類	量は少ないが、冷水性のものが多い（マス、ウグイなど）。	量が多く、暖水性のものが多い。（コイ、フナ　など）
底　質	有機物が少なく、珪藻骸泥	骸泥、腐泥
代表例	十和田湖、野尻湖、摩周湖　など	サロマ湖、諏訪湖、霞ヶ浦　など

　ダム湖、自然湖沼ともに閉鎖的な水域であるが、**表8.9**に示すとおり、両者の水環境はいくつかの点で異なる。水域形態については、一般にダム湖のほうが規模が小さく、水面形状は流下方向に細長く、横断方向の傾斜が急なV字

8.4 ダム・湖沼生態系

表 8.9 ダム湖と自然湖沼の水環境の違い

項　　目		ダ　ム　湖	自 然 湖 沼
水域の形態	規　　模	小さい	大きい
	湖盆形状	細長く横断面はV字型	決まった特徴はない
	水　深	浅　い	深　い
	湛水面積/最大水深	小さい	大きい
水理条件	流　速	大きい	小さい
	滞留時間	短　い	長　い
	水位変動	大きい	小さい
そ の 他	堆砂速度	速　い	遅　い

谷状になる。そのため，流速が速く，滞留時間が短いといった水理学的な特徴をもつ。また，ダム湖は，自然湖沼に比べて水深が浅いものが多く，光合成が可能な生産層が湖容積に占める割合が高い。そのため植物プランクトンによる

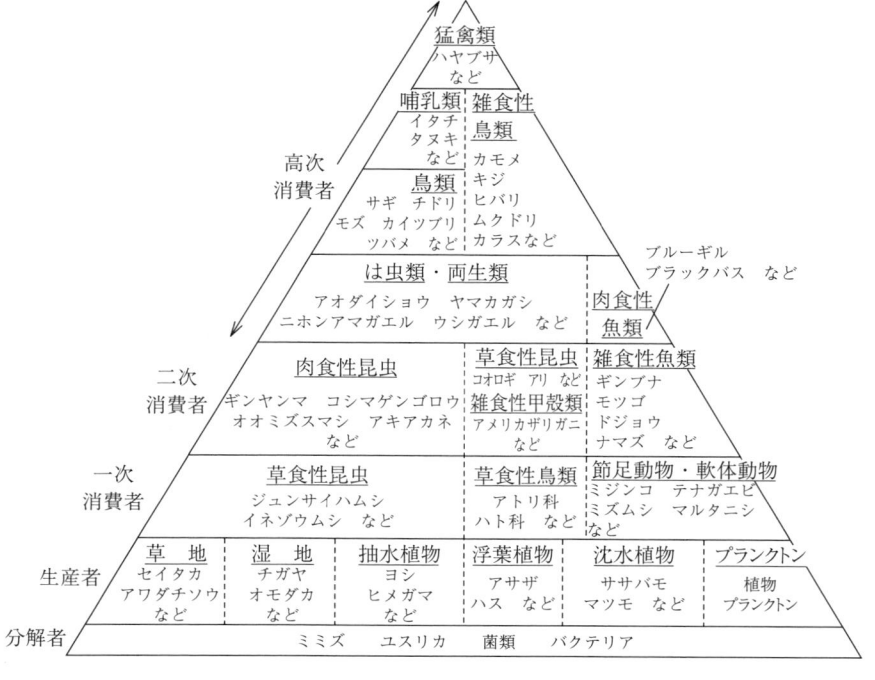

図 8.8 湖沼における生態系ピラミッドの例

生産活動がより活発で，富栄養化問題も自然湖沼に比べて深刻になりやすい。さらに，自然湖沼では表層から河川として下流に流れ出すのに対し，ダム湖の場合は底から水を抜く場合が多い。水温成層(すいおんせいそう)が発達した夏季に放水した場合，下流域に冷水障害を及ぼす場合がある。これを防ぐため，最近では放水口の高さを自由に調整できる選択取水装置を取り付けたダムも多くなっている。この他，ダム湖では利水や発電，洪水調整が行われるため，自然湖沼に比べて水位変動が大きいことも特徴である。

ダム・湖沼生態系の構成者は，生産者としての植物プランクトン（藻類），水生植物など，消費者としての動物プランクトン，魚類，底生動物（ベントス）など，分解者としての細菌などから成り立ち，ダム湖と自然湖沼で大きな違いはない。ただし，ダム湖の場合は上述したように横断方向の傾斜が急で水位変化も激しいため，水際における植生は自然湖沼の場合に比べて貧弱である場合が多い。**図 8.8** に湖沼における生態系ピラミッドの例を示す。

8.4.2 ダム・湖沼生態系の現状と課題

現在，多くのダム湖や自然湖沼で問題となるのが，**富栄養化現象**（eutrophication）である。これは栄養塩が多量に存在することによって起こる有機汚濁である。

ここでは，**図 8.9** に示すような成層水域での有機汚濁の現象について考えてみよう。水面近くの光の届く層（有光層，表層，生産層）では豊富な栄養塩を利用し光合成による一次生産が活発に行われる。その結果，植物プランクトンや付着藻類が増殖し，溶存酸素濃度の上昇と二酸化炭素濃度の減少が顕著となる。一方，水底近くの光が届かない層（深水層，無光層，分解層）では光合成による一次生産が行われず，ここでは生産層から沈降する生物の遺骸や排泄物（デトリタス）が微生物によって分解される。この分解に伴って水中の酸素が消費されて貧酸素化しやすくなる。さらに有機汚染が進行すると無酸素状態になることもある。底層には沈降したデトリタスが堆積しており，ヘドロとなっている。

8.4 ダム・湖沼生態系

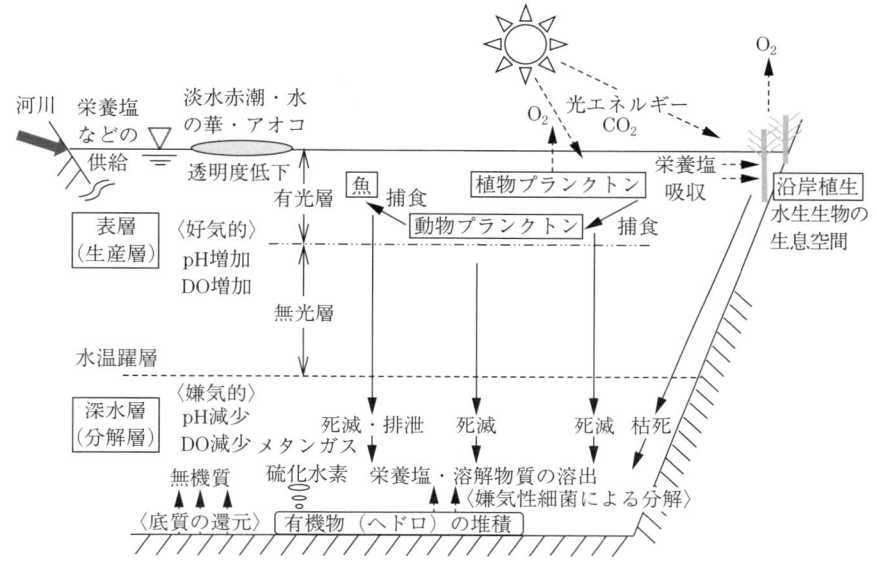

図8.9 ダム湖・自然湖沼での有機汚濁現象

　このヘドロが貧酸素状態の水塊と長時間接すると底質中のさまざまな物質が還元されて，鉄やマンガンなどのイオン態が溶出する．それとともに嫌気性微生物によって有機物が分解され，メタンガスや硫化水素が発生し，悪臭が漂うようになる．一方，嫌気性微生物によって分解された有機物は水中に拡散して有光層に運ばれ，再び植物プランクトンの増殖に利用される．このように，ヘドロが多く堆積した湖沼では，ヘドロが**内部負荷**（internal load，栄養塩の発生源）となり，有機汚濁の深刻化を招く．

　植物プランクトンが異常に増殖すると緑色や褐色の固まりとなって水面を覆う．これを**水の華**（algal bloom）という．植物プランクトンの一種であるミクロキスティスが増殖すると水面に青い粉が吹いたように見られるのでアオコと呼ばれる．アオコの異常発生は，景観を損なう他，悪臭を発する場合もある．また，洪水などによって湖沼に多量の栄養塩が流入するとアナベナという植物プランクトンが異常繁殖して水面が褐色または赤褐色に色づくことがあるが，水の華や海域の赤潮と区別して，**淡水赤潮**（fresh water red tide）と呼ばれる．

自然湖沼やダム湖は水道水源となっているところも多い。そのため，藻類の大量発生によるろ過閉塞や凝集阻害，ジオスミンなどによるカビ臭の発生といった問題は，良質な水資源を確保する上で重要な課題となっている。

8.4.3　ダム・湖沼生態系の保全と管理

一般に水深が光の**補償深度**（compensation depth，光合成による有機物の生産と呼吸による有機物の消費が釣り合った水深）より浅いところでは，**図8.10**に示すように陸域から湖に向かって植物の生育環境が空間的に推移するエコトーンが形成されている。陸地の湿地林からなる水辺林では，鳥類や動物の生息場，リター（落葉落枝）の供給地として豊かな生態系を創出する機能を有している。小型草本からなる湿性植物帯では，水辺林と同様の生態系創出機能に加えて大型水生植物（抽水植物・浮葉植物・沈水植物・浮標植物）と同様の水質浄化機能を有している。大型水生植物には，水質浄化機能の他に，洗掘防止・護岸機能，ハビタット機能（生息場・産卵場・避難場の提供），生態系保持機能（他の生物の食料供給源，付着藻類・プランクトン繁殖の促進）といった機能がある。

浅い湖沼の湖岸傾斜は一般になだらかであるため，湖岸付近に大型水生植物の群落を形成させることが可能である。そのため，破壊された大型水生植物群

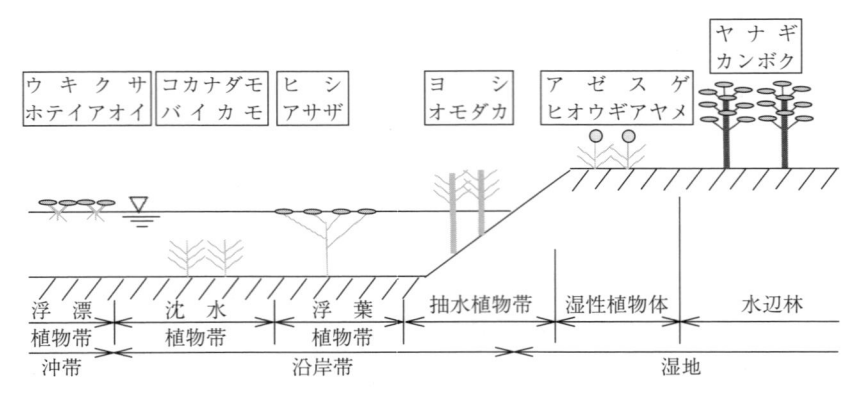

図 8.10　浅い湖沼の湖岸に見られる植物群落の模式図

落を再生して環境修復を図ることが一般的によく行われている。ただし，それらが枯死してデトリタスとなった場合には水質悪化の負の側面をもつことになるため，刈り取りなどによる系外への除去が必要である。湖沼再生の環境改善技術としては，食物連鎖の一部に撹乱を与えて水質浄化を図る**バイオマニピュレーション**（biomanipulation, p.155のコーヒーブレイク参照）も有効な再生技術である。例えば，問題となる植物プランクトンを餌とする魚を導入して，その水質悪化の原因物質を取り除くものである。食物連鎖の上位の生物を利用することから，トップダウン型のバイオマニピュレーションともいわれる。これに対し，水質悪化の原因となる栄養塩や浮遊有機物を直接除去して水質浄化を図ろうとするボトムアップ型のバイオマニピュレーションもある。これは有機汚濁が軽度の場合によく使用される。浅い湖では，ヘドロとして堆積したデトリタスが内部負荷となって長期にわたり栄養塩の発生源となり，水質を悪化させる。また，風や生物によってヘドロが撹乱されて巻き上げられると，沈水植物が埋没して衰退するといった問題が起こる。これを防ぐため，ヘドロを浚渫したり，覆砂によって封じ込めたりする方法がある。

　一方，深い湖沼では陸域から湖に向かって急激に水深が変化するため，浅い湖沼に見られるようなエコトーンがない。そのため，自然植生に代わる人工的な手法が提案されている。なお，深い湖沼では湖底に植物群落が形成されることがなく，水温成層によって水質が悪化しやすいため，生物量は少ない。浅い湖沼でも透明度が低い場合には湖岸・湖底の植物群落が形成されにくいため，水質が悪化しやすく生物量は少ない。

　この深い湖沼での水質改善技術としては，まず空気を注入して水温成層を破壊したり，深層水中に酸素を供給したりする曝気法がある。また，湖沼表層に大量の栄養塩を含む河川水が流入することを防止する富栄養化防止フェンスの設置や，水質が悪化した水塊のみを選択的に取水する選択取水の導入，人工の浮島の配置，湖岸湿地の造成，植物プランクトンの直接除去なども有効である。**表8.10**にダム・湖沼における水質浄化の主な手法を示す。

表 8.10 ダム・湖沼における水質浄化の主な手法

分類	手法	摘要	用地面積	維持管理	周辺生態系への影響	資源・エネルギー消費
湖内浄化	循環曝気	空気揚水筒などを用いて湖水の循環・曝気を行う。底層水の嫌気化防止、かび臭の発生に効果	小	コンプレッサーの維持管理	コンプレッサー設置の建屋を設置する程度で、影響は軽微	建設時に資源・エネルギーが必要。ランニングコストは軽微
	深層曝気	深層曝気装置を用いて深層水の曝気を行う。深層水の嫌気化防止に効果	小	コンプレッサーの維持管理	コンプレッサー設置の建屋を設置する程度で、影響は軽微	建設時に資源・エネルギーが必要。ランニングコストは軽微
流入水浄化	水生植物栽培	ヨシ原など自然浄化機能を活用する。濁質、栄養塩をある程度除去できる。	大	刈り取ったヨシなどの系外での適正処分が必要	ヨシ原などに改変されることの影響はあるものの、自然生態系はほぼそのまま維持される。	自然浄化機能を活用するため、資源・エネルギー消費はほとんどない。
	接触材充填水路	水路に設置した接触材に付着した生物膜の作用より水を浄化する。有機物と栄養塩類をある程度除去できる。	不要	汚泥の適切な処理が必要	既存水路を用いるため、適正に維持管理されれば周辺生態系への影響はない。	資源・エネルギーの消費量は少ないが、条件によってはある程度のエネルギーを必要とする。
	礫間接触酸化	礫充填層に付着した生物膜の作用により水を浄化する。濁質と有機物をある程度まで除去できるが、栄養塩類は除去できない。	やや大	汚泥の適切な処理が必要	構造物を設置するため、生態系の一部が影響を受ける。	施設建設時に資源・エネルギーを必要とする。条件によってはランニングコストもかかる。
	凝集沈殿	凝集沈殿による物理化学的処理を行う。リンに対して効果大だが、窒素に対してはあまり除去できない。	やや大	汚泥処理を含め、一般の水処理と同程度の維持管理が必要	構造物を設置するため、生態系の一部が影響を受ける。	施設建設、ランニングコストに多くの資源・エネルギーを必要とする。

(岡田光正,大沢雅彦,鈴木基之:環境保全・創出のための生態工学, p.216, 丸善(1999)より転載)

8.4 ダム・湖沼生態系

なお，これまでさまざまな環境改善技術について取り上げてきたが，最も有効なものは，流域全体を対象とした発生源対策である。具体的には，下水道の整備，肥料使用量の削減・管理，工場排水の排出規制などがある。

┌─ コーヒーブレイク ─┐

バイオマニピュレーション

バイオマニピュレーションは水質・生態系管理手法の一つで，対象となる湖沼の水質と生態系を自然な状態での透視度の高い良好な水環境に近づけることを目的としている。

生態系ピラミッドは生態系の食物連鎖（食物網）を単純化したもので，生産者として植物プランクトンや水草，これらを食べる高次の消費者まで，階層が上位に位置するほど生物の現存量は減少する。食物連鎖の上位に位置する魚の捕食の影響が，食物連鎖の構造に従って段階的に下位の植物プランクトンにまで順を追って影響していく。例えば，動物プランクトンを食べる小型の魚を捕食する肉食魚を湖沼に放流すると，動物プランクトン食の魚が減少し，捕食者が少なくなった動物プランクトンが増える。増えた動物プランクトンが植物プランクトンを捕食し，水域の透明度が回復する。透明度が回復すると，水底まで光が届くようになり水生植物の回復につながる。この効果を利用して，人為的な操作によって湖沼の水質浄化や生態系の管理を行うことをバイオマニピュレーション（生物操作）といい，上記の手法をトップダウン方式という。

従来一般的には，湖沼で植物プランクトンの増殖など富栄養化現象を防止するため下水処理施設などを整備し，その原因となる有機物や窒素・リンなどの栄養塩類を減少させる方法（ボトムアップ方式）がとられている。トップダウン方式は，建設費や維持管理費が小さいこと，薬品やエネルギーの投入がないこと，水域外に用地を必要としないこと，などの利点がある一方，生物利用に伴う外来種による生態系の侵略，既存の生態系の崩壊という生態学的リスクが指摘されている。

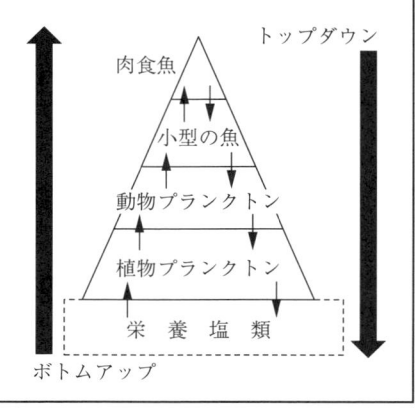

8.5 河川生態系

8.5.1 河川地形と生息空間

　地球は「水の惑星」とも称されるが,河川水の存在はそのわずか0.004%にすぎない。しかし,河川は私たちにとって身近な空間であり,さまざまな恩恵を受けている。河川はそこを流れる水によって土砂や有機物を運搬し,堆積させる働きがある。また,河川水にはさまざまな化学成分が溶け込んでおり,地球上の物質輸送に大きく貢献している。さらに,生物にとっては河川自身が生息域となるばかりか,複数の生息域を結び付ける回廊の役割も果たしている。

　河川と前節で取り上げたダム・湖沼との機能の違いについて,**表8.11**に示す。ダム・湖沼と河川が根本的に異なる点は水の動きにある。一見したところでは,河川の水は流れていて,ダム・湖沼の水は停滞しているかのようにみえる。しかし,河川にも局所的には水のよどむ場所があれば,湖沼・ダムにも水の流れをもつ場所があり,単に河川は水が流れている,ダム・湖沼は水が停滞していると結論づけることはできない。河川とダム・湖沼は水の動きからみればどちらも連続的であり,流れの速さの違いが生態系をはじめとする諸機能の違いを生み出している。河川の特色としては,開放的で変動が大きく,生物生産の場としては不安定であることが認められる。こうした環境の不安定さが河

表8.11 河川とダム・湖沼の性質の比較 [15]

機　能			河　川	湖　沼
閉　鎖　性			緩い（開放的）	強い（閉鎖的）
蓄　積　力	水		調節作用：小	調整作用：大
	物質	底泥	一時的,可逆的	累積的,非可逆的
		水塊	非定常,変動大	定常,変動小
生物生産の場			不安定	安　定
生物学的分解の場			不安定（好気）	安定（好気,嫌気）
酸素の供給力			大	全体としては小
流　送　力			強　い	弱　い

川独特の生態系を生み出している。ここで留意しなければいけないことは，生物にとっては環境が不安定なことが必ずしも環境が悪いという意味ではないという点である。

河川を縦断方向に巨視的にみた場合，河川自身がもつ土砂生産・運搬・堆積作用によって，山から海まで流れる間には，**図8.11**に示すような多様な空間がつくり出されていることがわかる。一般に河川は上流ほど流れが速く，河床勾配は急で，河床土砂の粒径が大きいという特徴をもっている。また，本来の河道は上流の山間地では直線的であるが，平野部では蛇行し，洪水などを機に流路が短絡して三日月湖などを形成する。また，河川が山間地から平野に流れ出てくるところでは，山間地で流水による侵食・凍結・融解の繰返しによって生産された土砂が運搬されて堆積し，扇状地や沖積平野が形成される。また，河口域にはさらに細やかな砂やシルト・粘土が堆積し，三角州（デルタ）が形成される。

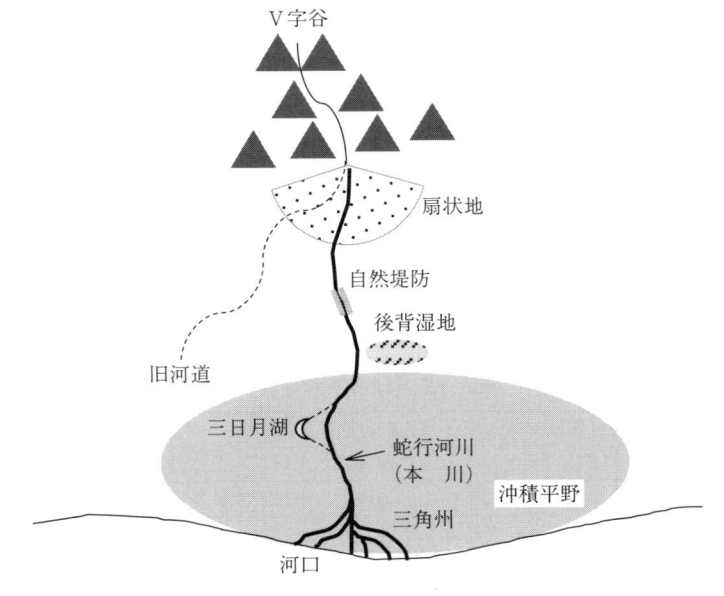

図8.11 河川地形の模式図

河川では，水深が浅く流れの速い**瀬**（riffles）と水深が深く流れの遅い**淵**（pools）が，**図8.12**に示すように繰り返し出現するため，縦断方向に見ても流れは一様ではない。瀬では細かな土砂が流されるので堆積するのは粒径の大きい礫が中心で，浮き石状態の隙間に生息する水生昆虫や付着性藻類は水中生物の重要な餌資源となる。一方，淵は瀬から流下する藻類や昆虫を餌にする生物の生息場となる他，生物の休息場，産卵・生育場，洪水時の避難場としても利用される。こうした瀬と淵が混在することで河川空間は多くの生物に多様な生息場所を提供することができる。また，本川沿いに形成される止水域はワンドと呼ばれ，淵と似た機能を有している。

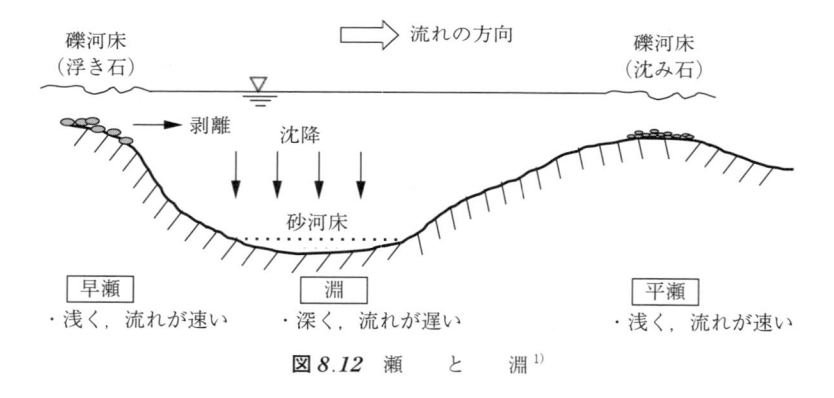

図8.12 瀬 と 淵[1]

この瀬と淵を基本単位として，可児（1944）は河川に生息する生物の環境に着目した河川形態の分類を行っている（**表8.12**，**図8.13**）。これによると一般的な河川では上流から順に，Aa型（山地渓流型）→AaBb移行型（中間渓流

表8.12 河川形態の分類[17]

一つの蛇行区間における瀬と淵の出現形態とその数	
A型	多くの瀬と淵が交互に連続して出現し，上流に多く見られる型
B型	瀬と淵が一つずつだけ出現し，中〜下流に多く見られる型
瀬から淵への流れ込み方による分類	
a型	滝のように激しく流れ込む型で上流に多い
b型	比較的静かに流れ込むが水面が波立つ型で中流に多い
c型	静かに流れ込み水面はほとんど波立たない型で下流に多い

図 8.13 河川形態の分類[17]

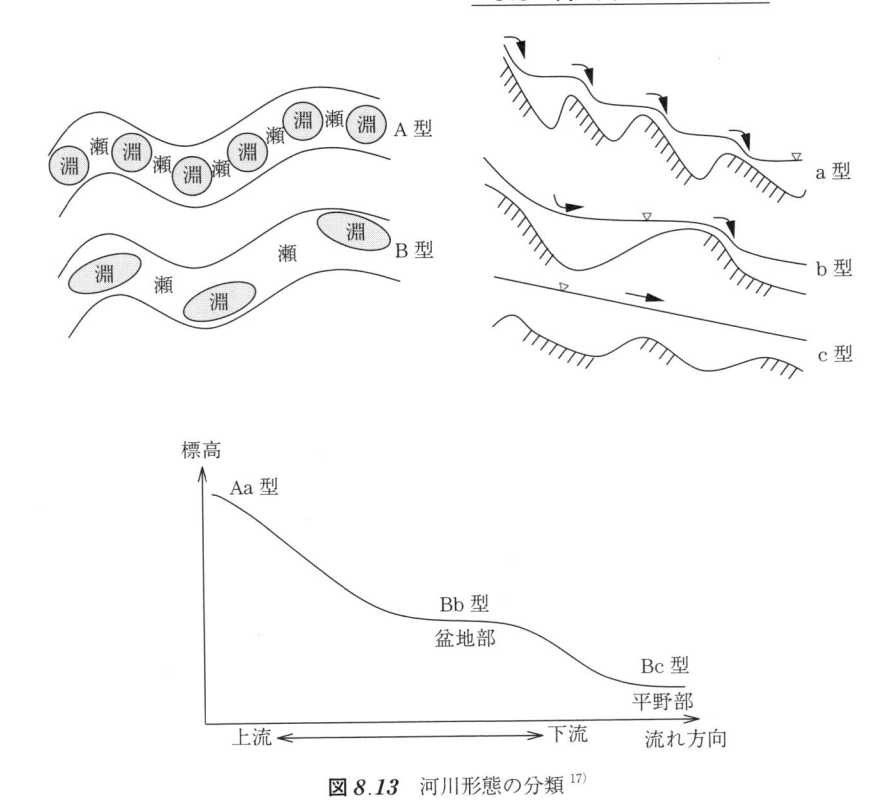

型）→Bb 型（中流型）→BbBc 移行型（中下流型）→Bc 型（下流型）と推移していくことが知られている。

河川は上流から下流にかけて水の流れとしては連続的につながっているという特徴がある。源流から河口までの環境変化に応じて出現する生物相は変化するが，全体を物質の供給，運搬，利用，貯蔵の一連の系として取り扱うことが重要で，この概念を河川連続体と呼ぶ。

8.5.2 河川生態系の概要

河川生態系の構成要素，特徴，河川空間が有する機能，河川生態系への人為的インパクトを**表 8.13**に示す。人間活動によって河川生態系の構造や機能は

160   8. 各種生態系の保全と管理

表 8.13 河川生態系の概要

項　目		内　　容
生物的要素	植　物	水生植物
	動　物	水生昆虫類, 魚類, 甲殻類, 底生動物, 貝類 など
	微生物	緑藻類, 珪藻類, 原生動物, 細菌類, 藍藻類 など
非生物的要素		水, 河道, 川原, 太陽光 など
特　徴		・きわめて開放性が高く, 外部からの影響を強く受ける。 ・上流から下流への連続性や連関性が生物群集を支えている。 ・河川は流水のため, 止水域を除けば, 他の水域生態系に比べてプランクトン群集が少ない。 ・遊泳力をもつ大きな魚類以外はほとんどの生物が河床やその隙間に生息の基盤をもつ。 ・洪水や渇水といった物理的撹乱が大きい。 ・河川形態の特徴として瀬や淵などがある。
河川空間が有する機　能		・治水機能：洪水や浸水の防止 ・利水機能：水資源, 発電, 農業用水, 工業用水 ・舟運交通機能：物流・輸送 ・親水・景観機能：レクリエーション・観光・舟遊び・遊泳・釣り　など ・環境機能：自然環境の保全, 生息場の確保 など
河川生態系への人為的インパクト		・汚染物質負荷 ・空間の改変 ・水量の制御 ・採集, 捕獲 など

さまざまな影響を受ける。具体的には，エネルギー供給源への影響，水質への影響，ハビタットの質への影響，流量レジーム（レジームとは量と頻度やパターンを併せもった概念）への影響，流砂レジームへの影響，生物の相互作用への影響，レクリエーションや狩猟など人間活動による直接的影響などが挙げられる。具体的な人為インパクトとの関係を**表 8.14**に示す。

8.5.3 河川生態系の保全と管理

ここでは，旧建設省（現在の国土交通省）による河川生態系に配慮した河川改修の取組み事例を紹介する。1990年に，「多自然型川づくり」として，河川が本来有している生物の良好な生育等環境に配慮し，併せて美しい自然景観を保全あるいは創出するため，多自然型川づくりが試験的に開始された。その結

8.5 河川生態系

表 8.14 人為的インパクトと河川生態系の機能や構造への影響についての一般的関係

人為的インパクト	エネルギーフロー	水質	ハビタットの質	流量レジーム	流砂レジーム	生物相互作用	人間活動
渓畔林の伐採	リター，餌となる落葉昆虫の減少	水温上昇	日陰の減少		斜面からの土砂流出量の変化		
河道の直線化			淵の焼失底質単一化				
砂利採取	陸域—水域間のエネルギーフローの断絶		河原・レフュージアの減少河岸単調化	取水による流量安定化	流出土砂量の減少	ハリエンジュなどの帰化植物の増加	
魚の放流						競争関係の変化	
ダム建設	貯水池による上流からの餌物質のトラップ	水温変化	貯水池の出現，上下流のダム停滞による移動阻害	流況の変化，最大流量の変化，維持流量の増加	流砂レジームの変化		
河原への車の乗入れ			分断				営巣破壊，河原植物の破壊
都市開発	支川からの餌物質の変化	栄養塩類，有機物の増加，水温の上昇	支川などの生息地の変化	洪水到達時間の短縮，平常時流量の減少	粒径変化	法面緑化などに使われた帰化植物の増加	釣りなど人の利用の増加

(小倉紀雄・谷田一三・松田芳夫 編：水辺と人の環境学(中)：人々の生活と水辺，浅倉書店 (2014) より転載)

果，さまざまな工夫を重ねながら治水機能と環境機能を両立させた数多くの事例が積み重ねられた。しかしながら，場所ごとの自然環境の特性への考慮を欠いた改修を進めたり，他の施工箇所の工法をまねたりするだけの画一的で安易な川づくりも多々見られたため，国は多自然型川づくりレビュー委員会（2005年9月）を設け，これを見直し，翌年に多自然川づくり基本指針（2006年10月）を定めた。これにより多自然型川づくりから多自然川づくりへの転換がなされた。

「多自然川づくり」では，河川全体の自然の営みを視野に入れ，地域の暮らしや歴史・文化との調和にも配慮し，河川が本来有している生物の生息・生育・繁殖環境および多様な河川景観を保全・創出するために，河川管理を行う

こととし，すべての川づくりの基本として，すべての一級河川，二級河川および準用河川における調査，計画，設計，施工，維持管理などの河川管理におけるすべての行為に適用されるものである。多自然川づくりにあたっては，川の自然の特性やメカニズムをできるだけ活用する。具体的にはつぎの五つの事項に留意することが望まれる（**図8.14**参照）。

(1) 河川が本来有している生物の生息・生育・繁殖環境を保全・創出すること。
　　　⇒　水辺の移行帯（エコトーン）の形成
(2) 川の働きを生かしながら複雑な地形を保全・回復させる。
　　　⇒　瀬と淵，ワンド，河畔林（かはんりん）などの現存する良好な環境資源をできるだけ残す。
(3) 川の働きを許容する空間を確保する。
　　　⇒　川幅を広くとり，良好なみお筋の形成を促す。
　　　　洪水による河川，陸地の攪乱
(4) 河川の連続性を保全回復する。
　　　⇒　魚道の設置などによる魚の上り（下り）やすい川づくり

水際植生と河畔林（鳥取県八東川）

川幅が広く地形が多様（秋田県山内川）

蛇行部に存在する河畔林（岩手県葛巻町）

魚の上りやすい川づくり（福岡県遠賀川）

図8.14　多自然川づくりの事例（国土交通省ホームページより転載）

支川や水路との合流点も連続性をもたせる。
(5) 河川景観を豊かにする。
　　⇒　川の営みによる地形と自然の相互作用を豊かにする。

8.6 干潟生態系

8.6.1 干潟生態系の概要

干潟（tidal flat）とは，沿岸に堆積した砂や泥が，潮の干満などにより，水面に覆われたり干上がったりする地形のことである。

自然に形成された干潟は，地形的な成因などの特徴から，**表8.15**に示すように前浜干潟，河口干潟，入江干潟，潟湖干潟の四つに分類することができる。さらに，人工的に砂泥を投入して造成された人工干潟がある。

表8.15　干潟の地形的分類[19]

地形的特徴による分類		干潟に影響を与える水塊の区分		代表的な干潟
		主要なもの	その他の水供給源	
前浜干潟	河川などによって運ばれた砂泥が海に面して前浜部に堆積して形成された干潟	海	小河川	和白干潟（福岡県）泡瀬干潟（沖縄県）
			隣接する大河川（下げ潮時影響大）	盤洲干潟（千葉県）八代干潟（熊本県）
河口干潟	河口部や河川感潮域に河川の運んだ砂泥が堆積して形成された干潟	河川	海（上げ潮時影響大）	汐川干潟（愛知県）吉野川河口干潟（徳島県）
入江干潟	リアス海岸の埋れ谷などの入り江奥部の河口部に形成される干潟	河川	海（上げ潮時影響大）	江奈干潟（神奈川県）立ヶ谷干潟（和歌山県）
潟湖干潟	浅海の一部が砂州，砂丘，三角州などによって外海から隔てられてきた浅い汽水域の区域に形成された干潟	海	隣接する大河川（下げ潮時影響大）	風蓮湖（北海道）蒲生干潟（宮城県）

干潟では，堆積した砂や泥（これを底質という）の表面に生息する底生藻類や海藻などを「生産者」とし，ゴカイなどの底生生物，魚類，鳥類などを「消費者」，菌類，細菌類を「分解者」とする食物連鎖が成り立っている。また，

さまざまな生物の産卵・生育場所としても機能している。そのため，干潟は生物多様性の観点から重要な場となっており，さらに，川から供給される有機物や栄養塩を吸着・分解する水質浄化の場所としても機能している。

わが国では，主に高度成長期以降，工業用地や港湾整備などの目的で沿岸の開発が進み，それまでに存在した干潟の約4割が埋め立てられて消失している。

8.6.2 干潟生態系の機能

干潟の機能は，干潟生態系の重要な要素であり，**図8.15**に示すように生物や無機的環境によって成立している。これらは，干潟という場が支える機能であり，生物に直接関係する機能として，① 生物生息機能，② 物質循環機能，③ 生物生産機能，がある。

干潟に生息する生物は，潮汐による干出(かんしゅつ)による乾燥や河川流入などによる塩分の変化，土砂の堆積や侵食などの激しい環境変化に適応し，生息してい

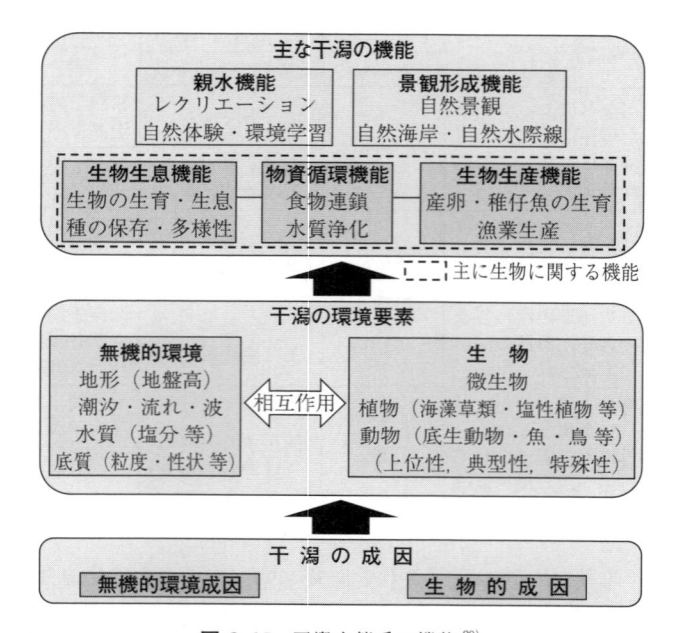

図8.15 干潟生態系の機能 [20]

る。生きている化石と呼ばれるカブトガニや有明海の干潟に生息する固有種であるワラスボ、ムツゴロウなど、種の保存の場として学術的にも重要な場となっている。このように、干潟は、多種多様な生物が生育・生息する場としての生物生息機能を有し、これらの生物が活動することにより、物質循環や生物生産が行われることから、生物生息機能は干潟の機能として最も重要なものと考えられる。

干潟の物質循環は、河川からの流入や流れによる系外への流出、干満による干出、冠水などの物理的な作用や生息生物の食物連鎖という生物的な作用により行われている。干潟は、こうした物質循環を通して、流入した有機物を吸収、分解して除去し、水を浄化する作用をもっている。干潟生態系における物質循環の模式図を**図8.16**に示す。

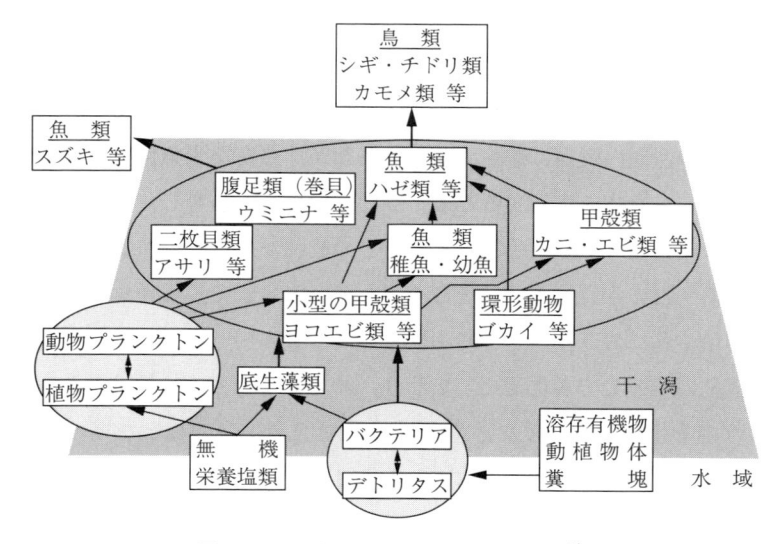

図8.16 干潟生態系における物質循環[21]

干潟における有機物の吸収、分解・無機化や栄養塩の吸収といった水質浄化作用は、つぎの二つに大別される。

(1) 干潟内で一時的に固定し、貯留する作用
・水中の懸濁した有機物が沈降やろ過により砂泥層に固定される作用

- 生息生物が水中の栄養塩,有機物を吸収や摂餌により体内に取り込む作用

(2) 干潟から系外に運び出す作用
- 微生物による有機物の分解,無機化,脱窒素により系外(大気中)に運び出す作用
- 底生生物などの活動に伴うエネルギー消費により系外(大気中)に運び出す作用
- 干潟に飛来する鳥類や回遊する魚介類が摂餌後の移動により系外に運び出す作用
- 漁業,養殖業により魚介類,海藻草類を採取することにより系外に運び出す作用
- 潮流により水とともに系外に運び出す作用

　これらの作用のうち,物理的な作用は,主に干潟の地形や底質,潮位差に依存し,生物的な作用は,生物の代謝量や食物連鎖,漁獲量などに依存している。
　干潟は,砂泥底の表面に着生する底生藻類が,豊富な光条件の下で活発な光合成を行い,有機物を生産するため,高い一次生産力を有している。この高い一次生産に支えられ,底生生物や魚類などの動物が生息し,食物連鎖を通じてより上位の生物の生息(成長)を可能にしている。また,稚仔魚などの生育場として利用されており,沿岸域の生物資源の涵養の場となっている。干潟は,人間の活動の場としても重要で,アサリ,バカガイなどの二枚貝やクルマエビなどの水産有用種が高密度に生息し,良好な漁業生産の場となっている。また,干潟が分布する沿岸域では古くからノリの養殖やクルマエビなどの養殖場として利用されている。
　また,その他の機能として,④ 親水機能,⑤ 景観形成機能,が挙げられる。干潟は,内湾の景観を形成する重要な要素ともなっている。また,近年,自然に対する関心の高まりから,レクリエーションや環境学習の場としての利用も盛んである。

8.6.3 わが国の干潟生態系の現状

表8.16にわが国の干潟の現状を示す。環境庁（現在の環境省）が行った調査によれば，わが国に現存する干潟の面積は約51 500 haとされている。これは，琵琶湖の面積（66 920 ha）にも及ばない。このうち，有明海の干潟が最も多くの割合を占めており，全体の約40%に達している。次いで，周防灘西部周辺（13%），八代海（9%）となっている。わが国の干潟の2/3が西日本に集中しているが，大都市近郊の東京湾，三河湾，伊勢湾にも多くの干潟が残されている。タイプ別には2/3が前浜干潟，1/3弱が河口干潟，残りが潟湖となっている。前浜干潟は有明海や八代海の他，瀬戸内海西部に多く分布している。また，河口干潟は有明海，潟湖は北海道・東北地方に集中している。

干潟の減少の最大の要因は埋立てである。特に前浜干潟では，海岸線に沿っ

表8.16 わが国の干潟の現状[22]

地域	現存干潟〔ha〕					1978年以降に消滅した干潟〔ha〕					消滅割合
	前浜	河口	潟湖	他	合計	前浜	河口	潟湖	他	合計	
北海道東部	515	136	1 980		2 631			5		5	0.2%
陸奥湾	34	54			88					0	0.0%
仙台周辺			725		725					0	0.0%
東京周辺	1 587	109	11	112	1 819	不明	不明			280	15.4%
伊勢湾周辺	1 265	1 725	32	63	3 085	141	363			504	16.3%
紀伊水道周辺	76	107	35		218					0	0.0%
瀬戸内海東部	617	379		63	1 059	121	46			167	15.8%
瀬戸内海中部	1 411	1 005			2 416	95	99		1	195	8.1%
瀬戸内海西部	6 670	1 635			8 305	147	267			414	5.0%
土佐湾・日向灘	31	91	16		138	31	117			148	107.2%
九州北部	632	378			1 010	42	29			71	7.0%
九州南部	1 131	373	4		1 508	103	31			134	8.9%
有明海	13 391	7 362			20 753	736	621			1 357	6.5%
八代海	3 670	765			4 435	56	143			199	4.5%
鹿児島	172	116			288		10	5		15	5.2%
奄美諸島	140	26			166					0	0.0%
沖縄島	924	292			1 216	82	142			224	18.4%
宮古八重山	327	744	30		1 101	15	3			18	1.6%

て一様に広がるため、臨海部開発の絶好の標的となった。干潟が埋め立てられることで海岸線は単調になり、干潟やそれに続く浅い海を生息場所としていた生き物たちが姿を消した。また、川から流れ込む栄養塩や有機物をせき止める機能が失われることで、周辺海域の富栄養化が進んでプランクトンが大増殖する赤潮が発生したり、沖合にヘドロが堆積したりするといった問題を生じた。さらに、プランクトンの死骸や有機物の分解過程で局所的に水中の酸素が使い果たされる貧酸素状態となり、魚類や底生生物が死滅するといった現象を引き起こす場合もある。

間接的な干潟の消滅原因として、土砂供給の減少や干潟以外の場所の開発による影響も考えられる。例えば、川の上流にダムや堰堤(えんてい)が建設され、土砂の流出が阻害されたり、建設資材として河床の土砂が採取されることによって、川から海に供給される土砂の量が減少すると、波浪(はろう)や潮流による侵食が卓越し、干潟が消滅する場合がある。兵庫県では、1978年以降に消滅した干潟のうちの約半分が自然侵食によって消滅したと考えられており、より広いスケールでの土砂の連続性について配慮することが重要となる。

一方、過剰な土砂供給も干潟生態系に大きな影響を与える。河川改修や流域開発などによって干潟に急激に土砂がたまったり、懸濁物が長期間にわたって水中を漂っていたりすると懸濁物食者の多い干潟には大きな影響が出る。例えば、沖縄県では1972年の日本復帰後に莫大(ばくだい)な振興開発資金が投入され、観光客のためのレジャー施設の建設や、ダムの設置、サトウキビ畑の整備などが積極的に進められた。その結果、流域を覆っていた赤土が干潟へと流出し、環境を悪化させ問題となっている。

干潟と並び、浅海域(せんかいいき)で重要な空間とされるのが、**藻場**(seaweed bed)である(**図 8.17**)。藻場は、沿岸域の主として水深20mまでの海底で、大型の海草・藻類が群落をつくっている場所である。日本沿岸の藻場は、コンブ場、ガラモ場、アラメ・カジメ場などの岩礁域に発達するものと、アマモ場のように砂泥質に発達するものに大別される。

8.6 干潟生態系

図 8.17 藻場・干潟（左からアマモ場，コンブ場，干潟）（水産庁ホームページより転載）

　藻場は干潟と同様に近年急激に減少してきたが，その原因は，埋立てなどによる地形改変の他，磯焼け（主として岩礁性藻場の急激な衰退現象で，ウニによる食害などはその典型とされている）によるものが多いとされているが，原因の多くは解明されていない。

　藻場では海藻類が光合成を行って成長し，生じた酸素が魚介類などの海洋生物に供給される。付着卵を産む魚類，イカ類の中には藻場を構成する海草・藻類を産卵の基盤として利用するものがいる。また，葉体上に付着する珪藻類や小動物は，幼稚子の初期餌料としての価値が高い。このように，藻場は生物生産を支えるという重要な機能がある。この他にも水質浄化や底質の安定など環境形成の面で重要な役割を果たしている。藻場のもつ代表的な機能，主要利用魚種，藻場の種類を**表 8.17**に示す。

表 8.17 藻場のもつ代表的な機能・主要利用魚種・藻場の種類[23]

機　　能	主要利用魚種	藻場の種類
① 産卵場機能	トビウオ，クジメ，イカ類	アマモ場，ガラモ場
② 幼稚仔育成機能	メバル，アイナメ，クジメ，カサゴ，キュウセン，タイ類，スズキ	アマモ場，ガラモ場，海中林
③ 飼料供給機能	アワビ，サザエ類，ウニ類，アイゴ，アイナメ，クジメ，メバル，ソイ類，キュウセン，メジナ，クロダイ，スズキ，クロサギ，カレイ類，マアナゴ	アマモ場，ガラモ場，海中林
④ 流れ藻供給機能	サンマ，ブリ，カサゴ，メバル，アイナメ，クジメ，カニ類	アマモ場，ガラモ場
⑤ 環境保全機能 ・水質浄化機能 ・底質安定化機能	—	アマモ場，ガラモ場，海中林 アマモ場

コーヒーブレイク

生物学・生態学としての「ヒト」

　ヒトとは，いわゆる人間のことで，学名が Homo sapiens（ホモ・サピエンス）あるいは Homo sapiens sapiens（ホモ・サピエンス・サピエンス）とされている動物の標準和名である。Homo sapiens には「知恵のある人」という意味がある。

　古来「人は万物の霊長であり，そのため人は他の動物，さらには他のすべての生物から区別される」という考えは普通に見られるが，生物学的にはそのような判断はない。「ヒトの祖先はサルである」といわれることもあるが，生物分類学的には，ヒトはサル目ヒト科ヒト属に属すると考えられており，「サルから別の生物へ進化した」のではなく，アフリカ類人猿の一種であると考える。生物学的にみると，ヒトに最も近いのは大型類人猿である。ヒトと大型類人猿がヒト上科を構成している。

　では，生物学的な方法だけでヒトと類人猿の区別ができるのかというと，現生のヒトと類人猿は形態学的には比較的簡単に区別が付くが，DNAの塩基配列ではきわめて似ているし，また早期の猿人の化石も類人猿とヒトとの中間的な形態をしており，線引き・区別をするための点は明らかではない。結局のところ，「ヒト」というのは，直立二足歩行を行うこと，およびヒト特有の文化をもっていることで，類人猿と区別している。

　分類学上では，現生人類はホモ・サピエンスに分類されるが，ホモ・サピエンスには現生人類以外にも旧人類も含まれる。なお現生人類（地球上に生きている人類のこと）はすべてこの種（ヒト）に分類されている。

　ヒトの身体的な特徴のかなりの部分（下肢が上肢に比べて大きくて強い，骨盤の幅が広くて大きいなど）は，直立二足歩行を行うことへの適応の結果生じた形質である。直立二足歩行によって，ヒトは体躯に対して際立って大きな頭部を支えることが可能になった。その結果，大脳の発達をもたらし，きわめて高い知能を得た。加えて上肢が自由になったことにより，道具の製作・使用を行うようになり，身ぶり言語と発声・発音言語の発達が起き，文化活動が可能となった。その分布は世界中に及び，最も広く分布する生物種となっている。

　ヒトは学習能力が高く，その行動，習性，習慣は非常に多様で，民族，文化，個人によっても大きく異なるが，同時に一定の類似パターンがみられる。また外見などの形質も地域に特化した結果，人種（コーカソイド，モンゴロイド，ネグロイドなど）と形容されるグループに分類される。しかしすべての人種間で完全な交配が可能でありすべてヒトという同一種である。

　細かくは後述を参照すべきだが，全体として「大型」「群れる」「中速度で長距離を移動する」「調理された質のよい多様な食物を食べる」「投擲など自分の体から離れたものを利用する」ことが動物としてのヒトの特徴・生態的地位といえる。

演 習 問 題

【1】 日本における植生の極相はなにか。

【2】 森林には，一般に「緑のダム」と呼ばれる役割がある。緑のダムの役割について説明せよ。

【3】 森林における食物連鎖において生食連鎖と腐食連鎖ではどちらが卓越しているか。

【4】 都市化がもたらす環境問題，特に都市内の自然環境や生態系に与える影響について説明せよ。

【5】 半乾燥地域では不適切な灌漑などによる塩類集積問題が生じ，農作物の収穫量が低下している。この問題について調べよ。

【6】 政治・経済・社会的な側面から農業を考える際，地産・地消など消費者の選択も重要であると考えられる。地産池消とはなにか，その効果も含めて説明せよ。

【7】 身近にある自然湖沼，ダムについて，表8.8に示す項目の値を調べ，両者を比較せよ。

【8】 汚濁と汚染の違いについて説明せよ。

【9】 河川形態と生物の生息環境の関係について説明せよ。

【10】 わが国の干潟面積は埋立てなどによって大きく減少し，その対策として人工干潟の造成が各地で進められている。この人工干潟による環境改善効果を検証するにあたり，以下の問に答えよ。
　(1) 人工干潟に期待される効果について説明せよ。
　(2) 環境改善効果を検証するにあたって留意すべき事項を挙げよ。
　(3) 人工干潟を維持するための工夫を述べよ。

9

自然環境を守るための法制度

　いったん環境問題が生じると，その原因を特定できても問題自体を解消することはきわめて困難である。原因から環境問題発生までのメカニズムが明らかであれば，法律を制定し，原因となる行為や事業を規制し，問題発生を回避することができる。本章では，予防的アプローチという考え方に基づき，わが国の自然環境に関する法制度，野生生物の保護に関連する法律，生態系の保全・再生に関する法律および自然生態系に関する主な国際条約について概説する。

9.1　自然環境に関する日本における法制度

　環境問題と人間活動との因果関係が解明され認識されてくると，環境問題を生じさせないような手段や取組みが必要となってくる。**環境法**（environmental law）とは，環境を保護・維持し，または改善することを目的とする法の総称である。**表 9.1** にわが国における環境に関する法制度の変遷を示す。日本では，産業の急激な発展によって公害問題が発生し，1960 年代に入って公害の防止が緊急の課題となり，公害規制の法律が整備された。公害法は公害の防止・規制を図るものであったが，さらに積極的に環境を守り，改善していく必要性から 1971 年に環境庁が設置された。このような経緯で日本の環境法は，公害法と自然保護法の両者を含むものとなっている。近年では，これまで自然保護とは対立関係にあったような開発関係の行政の分野でも，自然環境の保全に言及されることは，当然のことのようになっている。

　ここで日本の法令について簡単に解説しておく。憲法は日本の法秩序の頂点

9.1 自然環境に関する日本における法制度

表 9.1 環境に関する法制度の変遷

年　月	出　来　事
	1950年代～1960年代　公害の発生
1967.08	公害対策基本法の公布・即日施行
1970.11	公害国会（第64臨時国会において公害対策関連14法案が成立）
1971.07	環境庁発足
1972.06	人間環境宣言/環境国際行動計画　国連人間環境会議
1972.06	自然環境保全法の制定
	73～　自然環境保全基礎調査（緑の国勢調査）開始
1980.10	ラムサール条約の国内発効
1980.11	ワシントン条約の国内発効
1992.06	リオ宣言/アジェンダ21　地球サミット（国連環境開発会議 UNCED）
1992.06	絶滅のおそれのある野生動植物の種の保存に関する法律の制定
1993.11	環境基本法の制定
1993.12	生物多様性条約の国内発効
1997.06	環境影響評価法の制定
1997.12	第3回機構変動枠組条約締約国会議が開催　京都議定書が採択
1998.10	地球温暖化対策の推進に関する法律の制定　2013年3月改正
2001.01	環境省設置（中央省庁再編）
2002.03	新・生物多様性国家戦略
2002.07	鳥獣の保護及び狩猟の適正化に関する法律の改正
2002.12	自然再生推進法の制定
2003.09	カルタヘナ議定書の発効
2003.06	遺伝子組換え生物等の使用等の規制による生物の多様性の確保に関する法律の制定
2004.06	特定外来生物による生態系等に係る被害の防止に関する法律の改正
2008.05	生物多様性基本法の制定
2010.10	生物多様性条約第10回締約国会議（COP10）名古屋

にあり，国家権力の権限と義務を定め，国民の権利や自由の保障を図るための根本規範である．一方，法律は主に国民の自由を制限するものであり国会で決議される．さらに，その具体的な実務を補完する公示，通達がある．これら国の法令以外に，地方公共団体が定める条例・規則がある．法令には拘束力に差があり，一般的に図9.1のような上下関係がある．日本国憲法において，条例は「法律の範囲内で」制定できる（94条）とされており，地方自治体にお

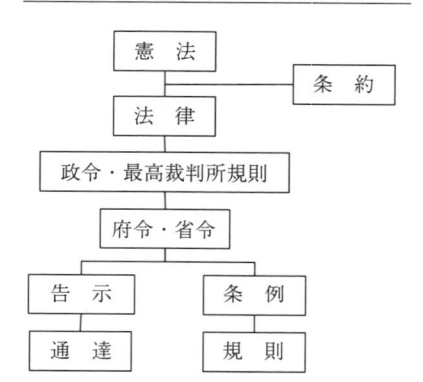

174   9. 自然環境を守るための法制度

図9.1 法令の上下関係

いても「法令に違反しない限りにおいて」条例を制定できる（自治法14条1項）と定められている。また，国際条約は憲法以外の国内法の上位に位置し，その発効・締結は，国内法の成立に大きく寄与している。

9.2 環境基本法

　日本における環境行政は，公害対策基本法（1967年）や自然環境保全法（1972年）を中心とする規制型の枠組の下，産業からの大規模な汚染行為や自然環境破壊行為を取り締まるものであった。しかし，その一方で大都市の大気汚染や生活排水による水質汚濁など都市・生活型の環境問題が顕在化するとともに，国際社会では地球環境問題が人類共通の課題であることが1992年にリオデジャネイロで国連環境開発会議（地球サミット）において明確に示された。こうした社会的背景の中で公害問題から環境問題への拡張が図られ，公害対策基本法の条文を継承し，自然環境保全法の一部を取り込み，さらに，地球環境保全がその対象となった**環境基本法**（1993年）が制定された。

　環境基本法の目的は，環境の保全についての基本理念を定め，現在および将来の国民の健康で文化的な生活の確保に寄与するとともに，人類の福祉に貢献することを目指したものである。日本の環境基本施策のあり方を示すことを内容とする法律である。以下に本法の要点を概説する。

環境保全に関する基本理念は以下のとおりである。
(1) 環境の恵沢の享受と継承（第3条），健全で恵み豊かな環境は人類の存続に不可欠であるという認識の下に，現在および将来世代がそうした環境を享受できるように環境を保全すべき旨が定められている。
(2) 環境への負荷の少ない持続的発展が可能な社会の構築など（第4条）である。第3条を受け，日本の社会のあるべき姿を「持続的発展が可能な社会」と明記している。「持続的発展が可能な社会」とは，**持続可能な開発**（sustainable development）の考え方を踏まえた概念である。**表9.2**に「持続可能な開発」の歴史的な議論を示す。このように「持続可能な開発」は，限りある環境を前提にしての経済発展を図ることを目的としており，環境基本法の中にも位置づけられている。
(3) 国際的協調による地球環境保全の積極的推進（第5条）が掲げられている。

表9.2　「持続可能な開発」の定義に関する歴史的経緯

報告書，会議など	定義，理念
「人間環境宣言」，1972 国連人間環境会議	生物圏の生態学的均衡，持続可能な開発の概念の一要素が現れた。 先進国と開発途上国との対立
「世界保全戦略」，1980 IUCN（国際自然保護連合），UNEP（国連環境計画），WWF（世界自然保護基金）	将来世代のニーズと願望を満たす潜在的能力を維持しつつ，現在の世代に最大の持続的な便益をもたらすような人間の生物圏利用を管理すること
「我ら共通の未来」，1984〜 WCED（環境と開発に関する世界委員会：通称「ブルントラント委員会」）	将来の世代が自らニーズを充足する能力を損なうことなく，今日の世代のニーズを満たすこと
「新・世界保全戦略—かけがえのない地球を大切に—」，1991 INCN など	人々の生活の質的改善を，その生活支援基盤となっている各生態系の収容能力限度内で生活しつつ達成すること

第14条第2項には，生物多様性の確保に直接関連する規定が設けられており，国および地方公共団体が環境の保全に関する施策を策定し，実施する際の生物多様性を確保すべき旨が定められている。後述する生物多様性条約を受けたもので，遺伝子の多様性，種の多様性，生態系の多様性の三つのレベルでの

多様性の確保を目指している。

環境基本法は，環境保全の理念と原則を示すものであり，実際の保全には，さまざまな法律（個別法）が制定・施行されている。図 9.2 に水環境に関わる主な法規と規制をまとめたものを示す。環境基本法では，人の健康を保護し，生活環境を保全する上で維持することが望ましい水質汚濁に関わる「環境基準」を定め，その確保に努めることを規定している。その達成のために，工場および事業所については水質汚濁防止法の「排水基準」による規制を実施し，一般家庭の生活排水対策として下水道法により下水道の普及を進めている。また，湖沼については湖沼水質保全特別措置法で湖沼環境の保全を図り，水道については水道法で環境衛生の確保に努めている。

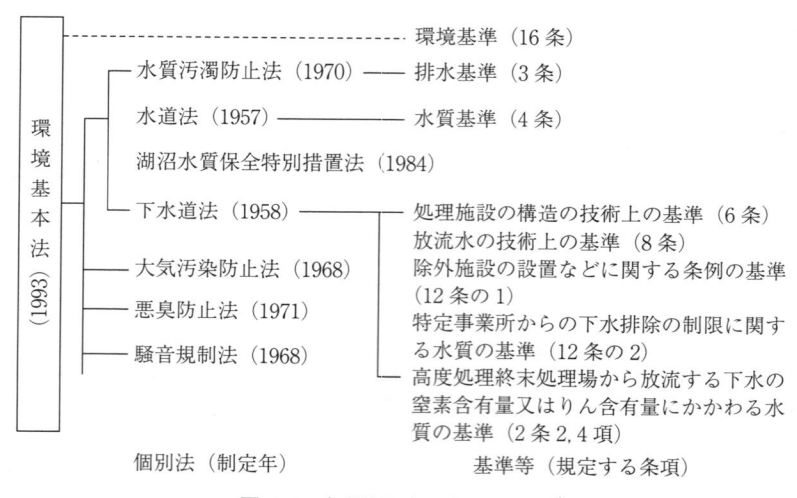

```
環境基本法(1993) ┬──────────────────────── 環境基準（16条）
                ├─ 水質汚濁防止法（1970）── 排水基準（3条）
                ├─ 水道法（1957）────── 水質基準（4条）
                ├─ 湖沼水質保全特別措置法（1984）
                ├─ 下水道法（1958）──┬─ 処理施設の構造の技術上の基準（6条）
                │                    ├─ 放流水の技術上の基準（8条）
                │                    ├─ 除外施設の設置などに関する条例の基準（12条の1）
                │                    ├─ 特定事業所からの下水排除の制限に関する水質の基準（12条の2）
                │                    └─ 高度処理終末処理場から放流する下水の窒素含有量又はりん含有量にかかわる水質の基準（2条2,4項）
                ├─ 大気汚染防止法（1968）
                ├─ 悪臭防止法（1971）
                └─ 騒音規制法（1968）

    個別法（制定年）              基準等（規定する条項）
```

図 9.2 水環境関連の法規と基準 [6]

9.3 環境影響評価法

環境影響評価（環境アセスメント）とは，自然環境に著しい影響を及ぼす可能性のある事業の実施前に，その事業が環境にどのような影響を及ぼすかについて事前に調査・予測・評価を行い，必要な保全対策を明らかにすることをい

う。1997年に成立した環境影響評価法（環境アセスメント法）は，規模が大きく環境影響の程度が著しいものとなるおそれのある事業について，事業者が行う環境影響評価が適切かつ円滑に行われるための手続きを定めることを目的としている（第1条）。対象となる事業は道路，ダム，鉄道，空港，発電所などの13種類の事業などである。このうち，規模が大きく環境に著しく影響を及ぼすおそれのある事業（第1種事業）で必ず環境アセスメントを実施しなければならない。この第1種事業に準ずる規模の事業は第2種事業とし，環境アセスメントの実施の必要性は個別に判断される。

　環境アセスメントの手順は，計画段階環境配慮書の手続き，事業対象の決定（**スクリーニング**, screening），方法書の作成（**スコーピング**, scoping），準備書・評価書の作成，事業の許認可，報告書の作成の順に進められる（**図9.3**）。

　計画段階環境配慮書（配慮書）は，2011年4月の改正により盛り込まれたものである。法改正前の環境アセスメントは，大まかな位置，規模などがすでに決定された段階で行うものであったため，事業者が環境保全のための対策の検討や実施について柔軟に対応することが困難な場合があった。法改正により，事業への早期段階（事業の位置，規模や施設の配置，構造などを検討する段階）における環境配慮を進めることが可能となった。

　スクリーニングは，第2種事業に関して事業の内容や規模，地域の環境特性などを考慮して，環境アセスメントの実施の要否を個別に決定する手続きである。環境アセスメントを行うことが決まると，環境影響評価の項目や手法を決めるスコーピングが行われる。スコーピングは，対象事業の目的，内容，および環境影響評価の項目と手法を記載した環境影響評価書を事業者が作成，公表し，住民，専門家，地元自治体に広く意見を求めることによって行われる。

　調査・予測・評価が終わると，つぎはその結果について意見を聴く手続きが始まる。事業者は環境影響評価準備書（準備書）を作成し，準備書に対する意見について検討し，内容を見直した上で環境影響評価書（評価書）が作成される。この評価書の作成や修正段階では，事業の影響が十分に回避できると評価されるまで，事業や環境保全措置の見直しが行われ，その都度必要に応じて環

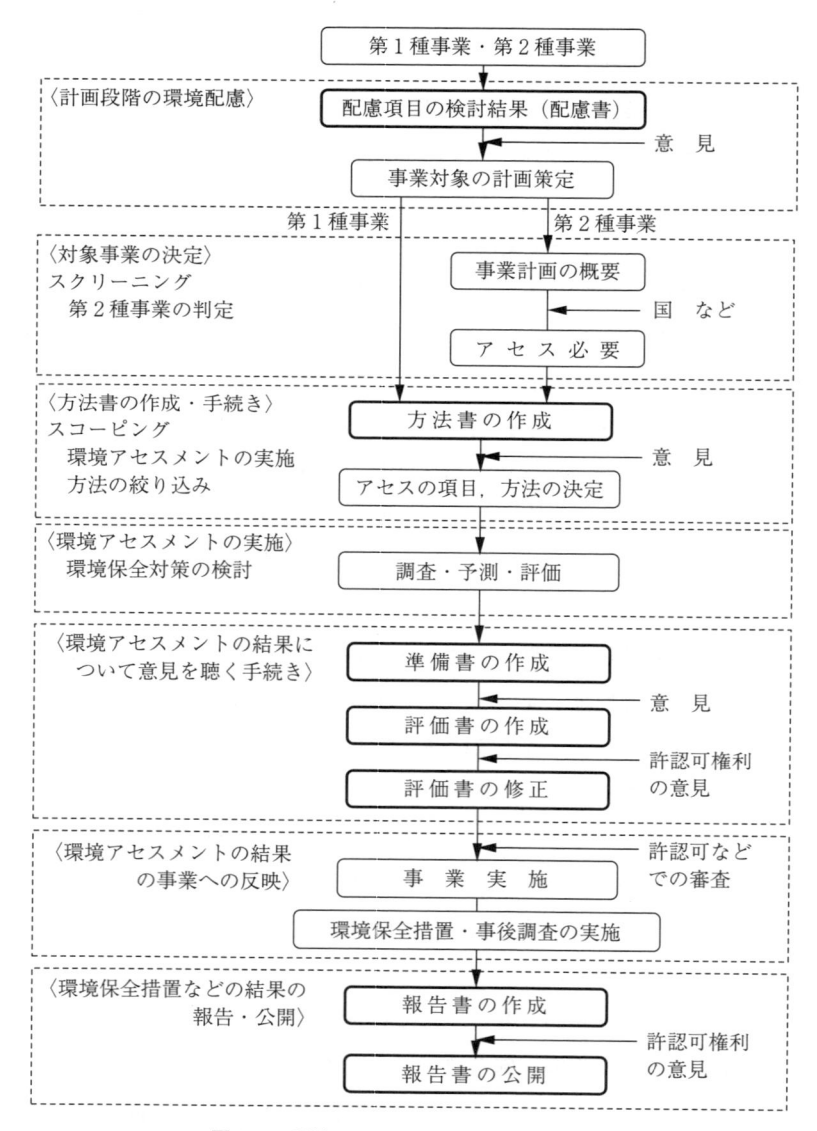

178   9. 自然環境を守るための法制度

```
                        ┌─────────────────────┐
                        │ 第1種事業・第2種事業 │
                        └──────────┬──────────┘
〈計画段階の環境配慮〉              ▼
                        ┌─────────────────────┐
                        │ 配慮項目の検討結果（配慮書） │──── 意 見
                        └──────────┬──────────┘
                                   ▼
                        ┌─────────────────────┐
                        │ 事業対象の計画策定  │
                        └──────────┬──────────┘
                       第1種事業  │  第2種事業
                                   ▼
〈対象事業の決定〉          ┌─────────────────┐
  スクリーニング           │ 事業計画の概要  │
  第2種事業の判定          └────────┬────────┘         国　など
                                    ▼
                           ┌─────────────────┐
                           │ アセス必要      │
                           └────────┬────────┘
〈方法書の作成・手続き〉             ▼
  スコーピング              ┌─────────────────┐
  環境アセスメントの実施   │ 方法書の作成    │──── 意 見
  方法の絞り込み            └────────┬────────┘
                                    ▼
                           ┌─────────────────┐
                           │ アセスの項目, 方法の決定 │
                           └────────┬────────┘
〈環境アセスメントの実施〉          ▼
  環境保全対策の検討        ┌─────────────────┐
                           │ 調査・予測・評価 │
                           └────────┬────────┘
〈環境アセスメントの結果に         ▼
  ついて意見を聴く手続き〉 ┌─────────────────┐
                           │ 準備書の作成    │
                           └────────┬────────┘──── 意 見
                                    ▼
                           ┌─────────────────┐
                           │ 評価書の作成    │──── 許認可権利
                           └────────┬────────┘       の意見
                                    ▼
                           ┌─────────────────┐
                           │ 評価書の修正    │
                           └────────┬────────┘
〈環境アセスメントの結果            ▼              許認可などでの審査
  の事業への反映〉         ┌─────────────────┐
                           │ 事 業 実 施    │
                           └────────┬────────┘
                           ┌─────────────────┐
                           │ 環境保全措置・事後調査の実施 │
                           └────────┬────────┘
〈環境保全措置などの結果の          ▼
  報告・公開〉              ┌─────────────────┐
                           │ 報告書の作成    │
                           └────────┬────────┘──── 許認可権利
                                    ▼                の意見
                           ┌─────────────────┐
                           │ 報告書の公開    │
                           └─────────────────┘
```

図 9.3　環境アセスメントの手続きの流れ

境影響評価の手続きが繰り返されることが定められている。そして，事業実施後には，事後調査が行われ，影響予測の妥当性や，新たな保全措置の必要性の検討などが行われることも定められている。

地方自治体は環境影響評価法の規定内で独自の条例を制定することが可能である。第2種事業で国の環境アセスメントの対象とならなかった事業でも，地方自治体の制度で環境アセスメントを行うことができる。

一方で，環境影響評価法は事業アセスメントであり，事業を実施することが決定後に行われるため，基本計画の内容の大幅な変更が困難な場合が多い。そこで，政策決定，基本構想，基本計画などの戦略的な意思決定の段階で，代替案を含めたアセスメントを行う戦略的環境アセスメント（計画アセスメント）の導入ガイドラインが2007年4月にまとめられている。なお，2011年4月の法改正で導入された計画段階環境配慮書の手続きは，個別の事業の位置，規模などの検討段階を対象としており，より上位の政策や計画の段階を対象としたものではない。

9.4 生物多様性基本法

生物多様性基本法は，生物多様性条約に対応する国内法として2008年6月に施行された。法律の前文では，生物の多様性は人類の存続の基盤であり，地域の文化の多様性をも支えており，国内外で開発に伴う生物種の絶滅や生態系の破壊あるいは外来種による生態系の撹乱など深刻な危機に直面していると指摘し，生物多様性基本法の必要性を述べている。生物多様性基本法の目的（第1条）は，環境基本法の基本理念にのっとり，生物多様性の保全および持続可能な利用に関する施策を総合的かつ計画的に推進することにより，人類共通の財産である生物の多様性を確保し，そのもたらす恵沢を将来にわたり享受できる自然と共生する社会を実現し，地球環境の保全に寄与することとしている（図 *9.4*）。

生物多様性基本法の第3条では，生物多様性の保全と持続可能な利用をバラ

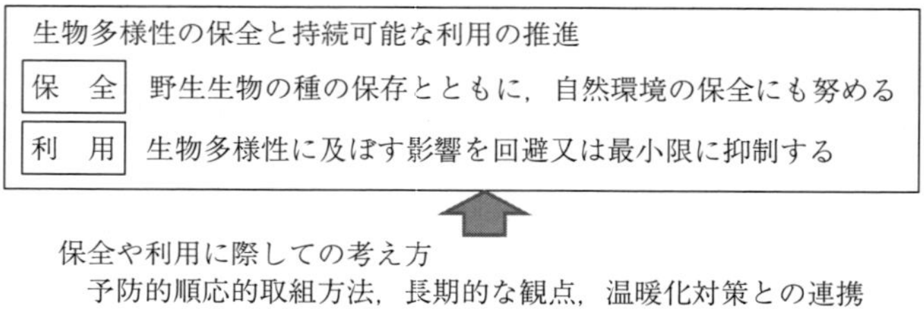

180　　9. 自然環境を守るための法制度

```
┌─────────────────────────────────────────────┐
│ 生物多様性の保全と持続可能な利用の推進          │
│ ┌──────┐                                    │
│ │ 保 全 │ 野生生物の種の保存とともに，自然環境の保全にも努める │
│ └──────┘                                    │
│ ┌──────┐                                    │
│ │ 利 用 │ 生物多様性に及ぼす影響を回避又は最小限に抑制する │
│ └──────┘                                    │
└─────────────────────────────────────────────┘
                      ↑
            保全や利用に際しての考え方
     予防的順応的取組方法，長期的な観点，温暖化対策との連携
```

図 9.4　生物多様性基本法の基本原則

ンスよく推進するため，つぎの五つの基本原則が示されている。

(1) 野生生物の種の保全等が図られるとともに，多様な自然環境を地域の自然的社会条件に応じ保全（第1項）
(2) 生物多様性に及ぼす影響が回避され又は最小となるよう，国土及び自然資源を持続可能な方法で利用（第2項）
(3) 保全や利用に際して，予防的順応的な取組を行うこと（第3項）
(4) 長期的な観点を持つこと（第4項）
(5) 地球温暖化対策との連携（第5項）

そして国と自治体に対して，基本原則にのっとった施策の実施などと保全活動への努力を事業者と国民および民間団体にも責務として定めている。さらに国は，具体的な取組みと実行計画をまとめた生物多様性国家戦略を策定しなければならない。

生物多様性基本法の生物多様性の保全に関する基本的施策の一覧を**図 9.5**に示す。第25条では，事業計画の立案段階における事業者による環境影響評価の実施を促す規定が設けられている。事業の実施が決定されてからではなく，事業を始めるかどうかを判断する段階から環境影響評価を行うもので，戦略的環境アセスメントに近い考え方である。ただし，本法の中ではどのような事業が対象となるかについては言及されていない。

日本においては野生生物の保護に関する鳥獣保護法，種の保存法，特定外来生物法などの既存の個別法がある。しかし，これらの法律では，保護の生物種の対象範囲が限られたり，保全区域を設けるだけのものもあり，生物多様性を

9.4 生物多様性基本法

```
基本的施策（第3章第14条～第26条）

保全に重点を置いた施策
    地域の生物多様性の保全（第14条）
    野生生物の種の多様性の保全等（第15条）
    外来生物等による被害の防止（第16条）

持続可能な利用に重点を置いた施策
    国土及び自然資源の適切な利用等の推進（第17条）
    遺伝子など生物資源の適切な利用の推進（第18条）
    生物多様性に配慮した事業活動の促進（第19条）

共通した施策
    地球温暖化の防止等に資する施策の推進（第20条）
    多様な主体の連携・協働、民意の反映及び自発的な活動推進（第21条）
    基礎的な調査の推進（第22条）
    試験研究の充実など科学技術の振興（第23条）
    教育、人材育成など国民の理解の増進（第24条）
    事業計画の立案段階等での環境影響評価の推進（第25条）
    国際的な連携の確保及び国際協力の推進（第26条）
```

図 9.5　生物多様性基本法の基本的施策

保つことが難しいのが現実である。生物多様性基本法は、これらの既存の個別法に対しては図 9.6 に示すように上位法として枠組を示す役割（同法附則第2条）を果たし、生物多様性保全の取組みが整理され、統合的に実施される環境が整ったといえる。

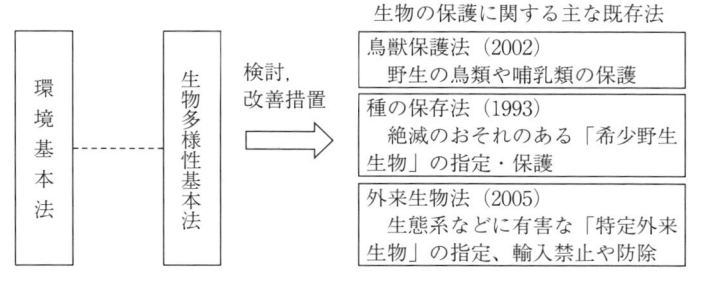

図 9.6　生物多様性基本法の基本原則

9.5 野生生物の保護に関連する法律

9.5.1 鳥獣保護法

鳥獣保護法（正式名称：鳥獣の保護及び狩猟の適正化に関する法律）は，「鳥獣の保護及び狩猟の適正化を図り，もって生物の多様性の確保，生活環境の保全及び農林水産業の健全な展開に寄与することを通じて，自然環境の恵沢を享受できる国民生活の確保及び地域社会の健全な発展に資すること」（第1条）を目的とする法律である．鳥獣に関する法令の最初は，1873年（明治6年）の「鳥獣狩猟規則」とされ，その後改正が繰り返されて現在に至っている．野生鳥獣は自然生態系を構成する重要な要素であり，自然生態系の安定性に欠くことができないことから，2002年の法改正で，生物の多様性の確保が目的に加えられた．

野生鳥獣は狩猟の適正化や鳥獣保護区の指定などによって数を増やし保護される対象であるが，それが増えすぎると人間生活に悪影響を与えるおそれもあるので，適正な数に保護管理することについても本法に含まれている．このため，法律は鳥獣保護事業の実施と狩猟の適正化に大別される（**図 9.7**）．

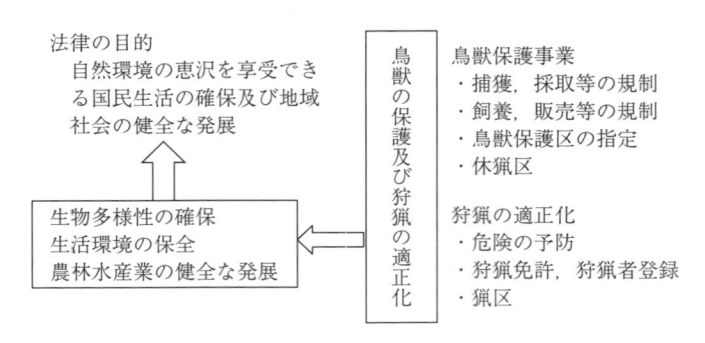

図 9.7 鳥獣保護法の目的

鳥獣保護事業は，法に基づいて鳥獣保護区が環境大臣または都道府県知事により設けられる．鳥獣保護区の区域内においては，鳥獣の捕獲が禁止されるのはもちろんのこと，鳥獣の採餌環境，営巣環境を整備改善するよう努めること

とされている．さらに，特別保護区においては，建築物の新・改築，水面の埋立て・干拓，木材の伐採などは，環境大臣または都道県知事の許可が必要となる．

狩猟の適正化では，狩猟鳥獣の規制，狩猟の免許制，狩猟方法の制限，狩猟場所・数・期間の制限といったものがある．鳥獣とは「鳥類又は哺乳類に属する野生動物」と定義され，昆虫，魚類は含まれていない．鳥獣の中から狩猟が許可されているものを狩猟鳥獣といい，現在，マガモ，スズメ，カラスなど29種の鳥類，野ウサギ，クマ，タヌキなど20種類の獣類が指定されている．これ以外の鳥獣を捕まえたり，殺したりすることは禁止されている．

9.5.2 種の保存法

種の保存法（正式名称：絶滅のおそれのある野生動植物の種の保存に関する法律）は1992年に制定された法律である．野生動植物の存在は生態系の重要な構成要素であり，自然環境の重要な一部として人類の生活に欠かすことができないものであるとした上で，「絶滅のおそれのある野生動植物の種の保存を図ることにより，生物の多様性を確保するとともに，良好な自然環境を保全し，もって現在及び将来の国民の健康で文化的な生活の確保に寄与すること」を目的としている．生物多様性は生態系，生物群集，個体群，種などさまざまなレベルで成り立っているが，中でも種は，生物の基本単位であり，その保存はきわめて重要である．

種の保存法では，**表9.3**のように数が減少し，種として生存が危うくなっ

表9.3 種の保存法における希少野生動植物種の指定

国内希少野生動物種	本邦における生息・生育状況が，人為の影響により存続に支障を来す事情が生じていると判断される種から指定 　　トキ，オオタカ，イリオモテヤマネコ　など
国際希少野生動物種	ワシントン条約附属書Ⅰの掲載種と渡り鳥保護条約などによって国際的な取引が規制・禁止された動植物を指定 　　パンダ，テナガザル科全種，マナヅル，コアジサシ　など
緊急指定種	国内希少野生動植物種および国際希少野生動植物種以外の野生動植物の種の保存を特に緊急に図る必要がある種を指定 　　ワシミミズク，イリオモテボタル，クメジマボタル　など

た希少動植物種を絶対的に保護するため，国内希少野生動植物種，国際希少野生動植物種と緊急指定種の3種類を定めている。国内希少野生動物種と緊急指定種については捕獲，採取，殺傷，販売あるいは無償での引渡しも原則として禁止されている。また国内希少野生動植物種に指定されている種のうち，その生息・生育環境の保全を図る必要がある場合は「生息地等保護区」を指定し，その個体の繁殖の促進，生息地の整備などの事業を推進する必要がある場合は「保護増殖事業計画」を作成して保護に努めている。

9.5.3 カルタヘナ法

カルタヘナ法（正式名称：遺伝子組換え生物等の使用等の規制による生物の多様性の確保に関する法律）は，国内において遺伝子組換え生物などが野生動植物などへ影響を与えないように管理することを目的に2003年に制定した法律である。カルタヘナ法は，地球上の生物多様性の保全と持続可能な利用を目的とした「生物多様性条約」の下，遺伝子組換え生物の国境を越える移動に関するルールを定めたカルタヘナ議定書の国内法として位置づけられている（**図9.8**）。

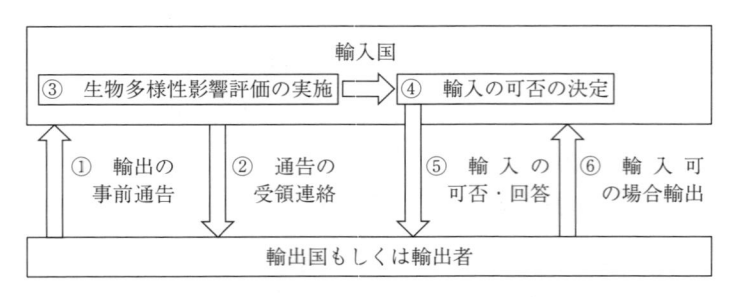

図9.8 カルタヘナ議定書による遺伝子組換え生物の輸出入のルール

カルタヘナ法では，遺伝子組換え生物の使用方法を第一種使用等と第二種使用等に区分し，それに応じた拡散防止措置，遺伝子組換え生物を輸入する際の生物検査の仕組みなどを定めている。

第一種使用等は，遺伝子組換え生物を農場や畑で栽培・育成し，食品原料としての流通など，環境中への拡散を防止しないで使用することである。第一種

使用にあたっては，在来の生物と競合する場合の影響，遺伝子組換え生物が在来種と交雑する場合の影響，遺伝子組換え生物が有害物質を生み出す場合の影響などが総合的に評価される。第二種使用等とは，実験室内での研究などの環境中への拡散を防止しながら使用することである。

他に，食品としての安全性の確保を担う食品衛生法および食品安全基本法，飼料としての安全性の確保を担う飼料安全法および食品安全基本法がある。

9.5.4 外来生物法

地域特有の生態系は長い期間をかけて成立してきたものであるが，そこに地域外から生物が侵入してくると，生態系のみならず人間の生命や農林水産業まで広く悪影響を及ぼすことがある（**図9.9**）。**外来生物法**（正式名称：特定外来生物による生態系等に係る被害の防止に関する法律）は，外来生物（移入種）による生態系などへの影響を防止し，生物多様性を確保するために2004年に制定された法律である。

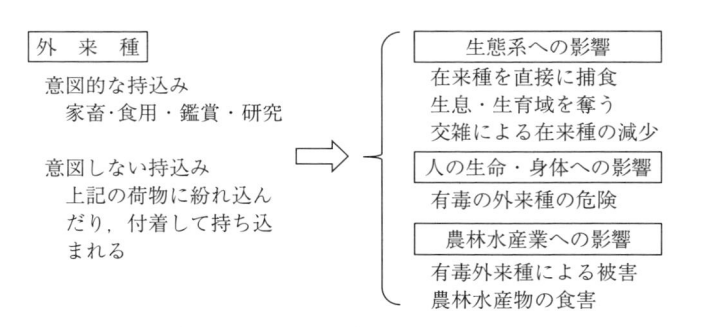

```
外来種
  意図的な持込み
    家畜・食用・鑑賞・研究
  意図しない持込み
    上記の荷物に紛れ込ん
    だり，付着して持ち込
    まれる
       ⇒   生態系への影響
              在来種を直接に捕食
              生息・生育域を奪う
              交雑による在来種の減少
           人の生命・身体への影響
              有毒の外来種の危険
           農林水産業への影響
              有毒外来種による被害
              農林水産物の食害
```

図9.9 外来種の侵入による影響

外来生物法では，外来生物種を**特定外来生物**（invasive alien species）と**未判定外来生物**（uncategorized alien species）に区分し，それぞれの規制により生態系への被害の防止に努めている。特定外来生物とは，「海外起源の外来種である外来生物であって生態系，人の生命，農林水産業へ被害を及ぼし，又は及ぼすおそれのあるもの」について政令で定めるものをいう。外来生物法が施

行された当初は1科2属39種であったが，2014年8月には1科14属93種と3交雑種の合計111種類が指定されている。特定外来生物に指定されたものは，(1) 飼育，栽培，保管および運搬の原則禁止（研究目的などで許可を得た場合を除く），(2) 輸入の禁止（許可を得た場合を除く），(3) 野外へ放つ，植えるおよびまくことの禁止，(4) 許可のない譲渡，引渡しなどの禁止で，これらの禁止事項に違反すると罰則が科せられる。野外などで特定外来生物を捕まえた場合，持ち帰ることは運搬に該当するが，その場ですぐに放つと処罰の対象とはならない。このため，ブラックバス釣りなどのいわゆるゲームフィッシングでの「キャッチ・アンド・リリース」は規制対象とはならない。ただし，滋賀県の琵琶湖，秋田県の全域，新潟県などでは条例により「キャッチ・アンド・リリース」が禁止されている。また，外来生物法では国，地方自治体やNPOは，必要に応じて特定外来生物を積極的に捕獲，適切処分などの防除することについても定めている。

　未判定外来生物とは，被害を及ぼす疑いがあるか，実態がよくわかっていない外来生物が指定される。未判定外来生物を輸入する場合は事前に主務大臣に対して届け出る必要がある。届出に対し主務大臣は，影響を及ぼすおそれがあると判断した場合は特定外来生物に指定し，影響を及ぼすおそれがないと判断した場合は，特に規制をかけないことになる。

　要注意外来生物リストとは，外来生物法に基づく飼養などの規制対象とはならないものの，これらの外来生物が生態系に悪影響を及ぼす可能性があるものをいう。現在148種類が選定されており，これらの利用に関わる個人や事業者に対し，適切な取扱いを求めている。

コーヒーブレイク

外来生物

　外来種とは，例えばアライグマなどのように，もともとその地域にいなかったのに，人間の活動によって他の地域から入ってきた生物のことを指す。

　同じ日本の中にいる生物でも，例えばカブトムシのように，本来は本州以南にしか生息していない生物が北海道に入ってきた，というように日本国内のある地域から，もともといなかった地域に持ち込まれた場合に，元からその地域にいる

生物に影響を与える場合があるが，外来生物法では海外から入ってきた生物に焦点を絞り，人間の移動や物流が盛んになり始めた明治時代以降に導入されたものを中心に対応している。また，渡り鳥，海流にのって移動してくる魚や植物の種などは，自然の力で移動するものなので外来種には該当しない。

外来種は私達の身の回りでも意外と簡単に見つけることができる。例えば，四葉のクローバーでおなじみのシロツメクサは，牧草として外国から移入したものであるし，金魚の水草でおなじみのホテイアオイやアメリカザリガニなども外国起源の生物である。

日本の野外に生息する外国起源の生物の数はわかっているだけでも約 2 000 種にもなる。明治以降，人間の移動や物流が活発になり，多くの動物や植物がペットや展示用，食用，研究などの目的で輸入されている。一方，荷物や乗り物などに紛れ込んだり，付着して持ち込まれたものも多くある。これらは，意図的，非意図的の違いこそあるものの，人間の活動に伴って日本に入ってきているという点で共通している。

外来種の中には，農作物や家畜，ペットのように，私たちの生活に欠かせない生き物もたくさんいる。また，荷物に紛れたりして非意図的にやってきた生き物もたくさんいる。これらの生物が，なんらかの理由で自然界に逃げ出した場合，多くは子孫を残すことができず，定着することができないと考えられている。しかし，中には非常に強い生命力・繁殖力をもち，子孫を残し定着することができる生物もいる。

外来種の中で，地域の自然環境に大きな影響を与え，生物多様性を脅かすおそれのあるものを，特に侵略的外来種という。具体的な例としては，沖縄本島や奄美大島に持ち込まれたマングース，小笠原諸島に入ってきたグリーンアノールなどが挙げられる。小笠原諸島は海洋島であり，一度も大陸と陸続きになったことがなく独自の進化を遂げてきた固有生物の宝庫といわれている。グリーンアノールは小型のトカゲで，昆虫などを主食にしていて，この小笠原固有の昆虫の多くがグリーンアノールに食べられてしまい，絶滅の危機に瀕しているもの，すでに絶滅してしまったかもしれないものが多くいるといわれている。

「侵略的」という言葉は，なにか恐ろしい・悪い生き物であるかのような印象を与えるが，本来の生息地ではごく普通の生き物として生活していた生物であり，その生き物自体が恐ろしいとか悪いというわけではない。たまたま導入された場所の条件が，大きな影響を引き起こす要因をもっていたにすぎない。例えば，日本ではごく普通にどこにでもいるコイという魚や土手などに生えているクズという植物でも，本来生息・生育していなかったアメリカでは「侵略的」な外来種だといわれているのである。

9.6 生態系の保全・再生に関する法律

9.6.1 自然公園法

自然公園法は，優れた自然の風景地を保護するとともに，その利用の増進を図ることを目的に 1957 年に制定された法律である。自然公園を国立公園，国定公園，都道府県立自然公園の三つに分け，それぞれの指定，計画，保護規制などを規定している。2009 年には，生物多様性保全の観点から，目的に「生物多様性の確保に寄与すること」が追加されるなどの法改正が行われた。

自然公園法では，**図 9.10** に示すように自然公園の地域を特別保護地区，特別地域，海中公園地区，普通地域の四つに区分し，**表 9.4** のように，それぞれ異なった規制を行っている。

```
自然公園 ┬─ 国立公園        ┬─ 特別地域 ┬─ 特別保護地区
        │   環境大臣が指定  │          ├─ 第1種特別地域
        │                  │          ├─ 第2種特別地域
        │                  │          └─ 第3種特別地域
        │                  ├─ 海中公園地域
        │                  └─ 普通地域
        │
        ├─ 国定公園        ┬─ 特別地域 ┬─ 特別保護地区
        │   環境大臣が指定  │          ├─ 第1種特別地域
        │                  │          ├─ 第2種特別地域
        │                  │          └─ 第3種特別地域
        │                  ├─ 海中公園地域
        │                  └─ 普通地域
        │
        └─ 都道府県立      ┬─ 特別地域 ┬─ 第1種特別地域
            自然公園       │          ├─ 第2種特別地域
            都道府県の条例 │          └─ 第3種特別地域
                          └─ 普通地域
```

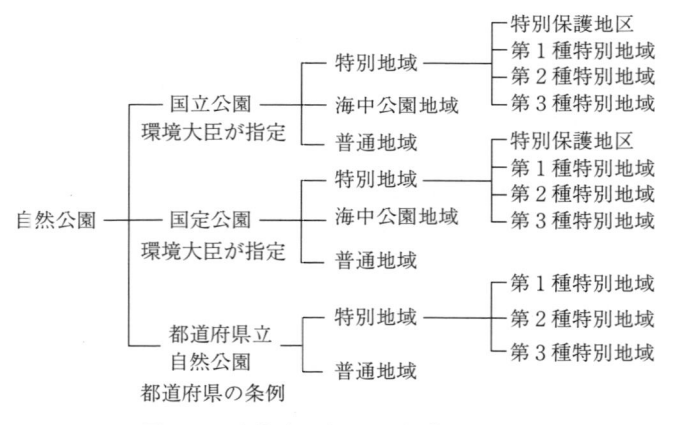

図 9.10 自然公園法による保護区の区分

自然公園は，自然の風景地の保護と利用の増進という二つの目的をもっており，しばしば利用が優先されがちである。利用と保護はときに相反して矛盾を生じることがあるため，あらかじめ管理計画を作成し，計画に従って開発行為，開発行為の規制，動植物の保護，利用調整，自動車などの乗入れ規制，自然再生，風景地保護協定，特定民有地買上事業，生態系維持回復事業などが行われる。2014 年 8 月時点で指定されている国立公園を**図 9.11** に示す。

9.6 生態系の保全・再生に関する法律

表 9.4 自然公園の用語の解説

用 語	解 説
特別地域	工作物の新築，指定植物の採取などの行為について，国立公園の場合は環境大臣，国定公園の場合は都道府県知事の許可を必要とする。
特別保護区	公園の中でも特に優れた自然景観，原始状態を保持している地区で，最も厳しく行為が規制される。木竹の損傷，落葉落枝の採取などの行為についても許可が必要となる。
第1種特別地域	特別保護区に準ずる景観をもち，特別地域のうちで風致を維持する必要性が最も高い地域であって，現在の景観を極力保護することが必要な地域
第2種特別地域	農林漁業活動について，努めて調整を図ることが必要な地域
第3種特別地域	特別地域の中では風致を維持する必要性が比較的低い地域であって，通常の農林漁業活動については規制のかからない地域
海中公園地区	熱帯魚，サンゴ，海藻などの動植物によって特徴づけられる優れた海中の景観に加え，干潟，岩礁などの地形や，海鳥などの野生動物によって特徴づけられるすぐれた海上の景観を維持するための地区。指定動植物の採取，海面の埋立てなどの行為が許可事項となる。
普通地域	特別地域や海中公園地区に含まれていない地域で，風景の保護を図る地域。特別地域や海中公園地区と公園区域外との緩衝地帯（バッファゾーン）

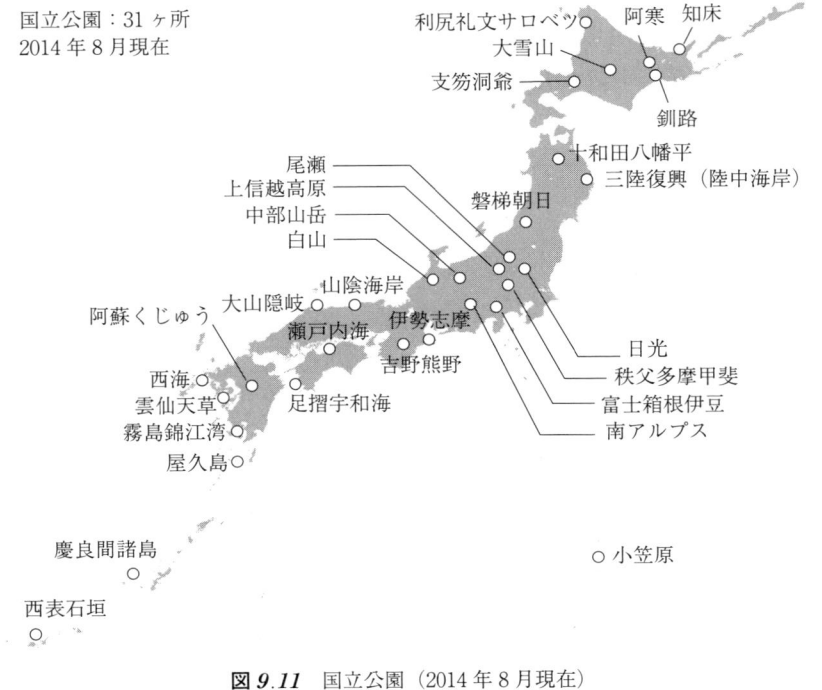

国立公園：31ヶ所
2014年8月現在

図 9.11　国立公園（2014年8月現在）

9.6.2 自然環境保全法

自然環境保全法は，自然環境を保全することが特に重要な区域の適正な保全を総合的に推進することを目的に，1972年に制定された法律である。自然公園法とともに自然環境の保全に関する法律であるが，自然公園法が自然の風景地の保護と利用を目的にしているのに対し，自然環境保全法は，風景の良し悪しとは無関係にすぐれた自然を保護することを目的とし，利用を考えていないことに違いがある。

自然環境保全法は原生自然環境保全地域，自然環境保全地域の2種類を定め，**表9.5**に示すように開発行為や利用を制限している。また，自然環境保全基礎調査の実施（第4条）において，国はおおむね5年後ごとに地形，地質，植生および野生動物に関する調査，その他自然環境の保全のために講ずべき施策の策定に必要な基礎調査（緑の国勢調査）を行うよう努めるよう定められている。また，都道府県においては，自然環境保全地域に準ずる土地の区域を都道府県自然環境保全地域に指定することができる。2014年8月時点で指定されている地域を**図9.12**に示す。

表9.5 保全地域の概要

保全地域	指定	規制	行為の許可・届出
原生自然環境保全地域	人間活動の影響を受けることなく原生の状態を維持している地域（1 000 ha 以上，離島300 ha 以上）	自然生態系に影響を与える行為は原則禁止 立入制限地区：原則立入禁止	環境大臣・各地方環境事務所長
自然環境保全地域	1. 高山・亜高山性植生（1 000 ha 以上），すぐれた天然林（100 ha 以上） 2. 特異な地形・地質・自然現象（10 ha 以上） 3. すぐれた自然環境を維持している湖沼・海岸・河川・海域（10 ha 以上） 4. 野生動植物の生息地・生育地で自然環境がすぐれた地域（10 ha 以上）	特別地区：各種行為は一定の基準に合致するもののみ許可 野生動植物保護地区：特定の野生動植物の捕獲・採取は原則禁止 普通地区：各種行為は届出	環境大臣・各地方環境事務所長
都道府県自然環境保全地域	自然環境保全地域に準ずる自然環境を維持している地域		都道府県知事

9.6 生態系の保全・再生に関する法律　　191

図 9.12　自然環境保全法に基づく原生自然環境保全地域と自然環境保全地域（2014年8月現在）

9.6.3　自然再生推進法

自然再生推進法は，自然再生を総合的に推進し，生物多様性の確保を通じて自然と共生する社会の実現を図り，地球環境の保全に寄与することを目的として2002年に制定された法律である。自然再生推進法における「自然再生」とは，過去に損なわれた自然環境を取り戻すため，関係行政機関，関係地方公共団体，地域住民，NPO，専門家など地域の多様な主体が参加して，自然環境の保全，再生，創出などを行うことと定義されている。自然再生を目的として実施される事業の行為である「自然再生事業」を**表 9.6**に示す。なお，ここで定義される自然再生は，ミティゲーションにおける代償措置とは異なることに注意しなければならない。

9. 自然環境を守るための法制度

表 9.6 自然再生事業が対象とする四つの行為

保　全	良好な自然環境が現存している場所においてその状態を積極的に維持する行為
再　生	自然環境が損なわれた地域において損なわれた自然環境を取り戻す行為
創　出	大都市など自然環境がほとんど失われた地域において大規模な緑の空間の造成などにより，その地域の自然生態系を取り戻す行為
維持管理	再生された自然環境の状態をモニタリングし，その状態を長期間にわたって維持するために必要な管理を行う行為

　自然再生推進法の基本理念は，(1) 生物多様性の確保を通じた自然と共生する社会の実現，(2) 地域の多様な主体による連携，(3) 地域における自然環境の特性，自然の復元力および生態系の微妙な均衡を踏まえて，科学的知見に基づく事業の実施，(4) 事業の着手後のモニタリングと，その結果に基づく科学的な評価を事業に反映，(5) 自然環境学習の場としての活用，の5項目である。同法では自然再生事業を国が主体となるのでなく，NPO，地域住民や専門家をはじめとする地域の多様な主体からの発意による地域主導のボトムアップの事業にすることを明確に示している。また，自然再生事業は，絶えず変化する生態系とその他の自然環境を対象とするため，モニタリング結果を科学的に評価し，事業に反映する順応的な進め方で実施することも定めている。

　自然再生事業の実施の流れを**図 9.13** に示す。自然再生事業を実施しようとする意欲のある者（実施者）は，政府の策定した「自然再生基本方針」に基づき自然再生協議会を組織することができる。この協議会では，① 自然再生の対象となる区域，目的，協議会参加者の役割分担などを定める「自然再生全体構想」の作成，② 事業の対象となる区域，内容，周辺地域の自然環境との関係，自然環境保全上の意義および効果，事業の実施に関して必要な事項などを定める「自然再生事業実施計画」の案の協議，③ 自然再生事業の実施に関わる連絡調整，の三つを行うこととなる。主務大臣は，自然再生事業実施者から提出された自然再生事業実施計画に対し，有識者からなる自然再生専門家会議の意見を踏まえ，必要な助言を行う。

　2014年1月時点において，全国各地で**表 9.7** に示す24の自然再生協議会が設置され，それぞれの地域において全体構想および実施計画の作成などが進め

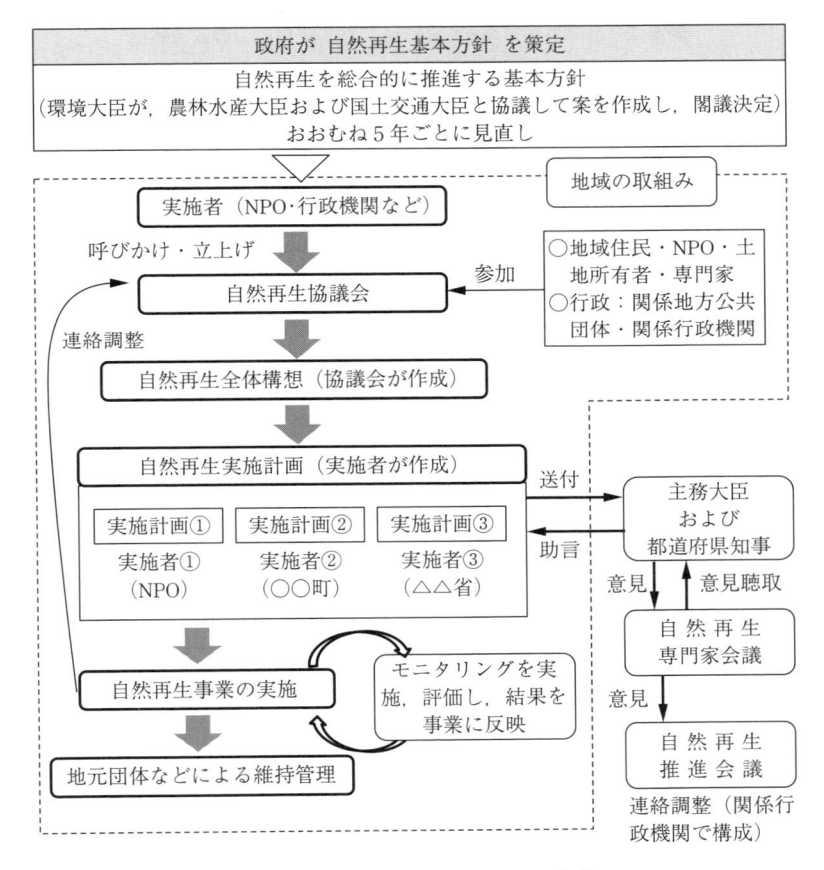

9.6 生態系の保全・再生に関する法律　　193

図 9.13 自然再生事業実施の流れ [8)~10)]

られている．自然再生事業は複雑で絶えず変化する生態系を対象とした事業であり，生態系に関する事前の十分な調査を行い，事業着手後も自然環境の復元状況をつねにモニタリングし，その結果に科学的な評価を加えた上で，事業にフィードバックしていくことが重要である．そのためには，当初の計画にこだわらず，モニタリング結果を踏まえた臨機応変な計画変更が必要となる．また，生態系の健全性の回復には長期間が必要であり，自然再生事業はその回復のプロセスの中で補助的に人の手を加えるものという認識が必要で，時間をかけて慎重に取り組むことが重要である．従来の道路工事のように計画期間内に

9. 自然環境を守るための法制度

表 9.7 自然再生推進法に基づく自然再生協議会の設置状況

(2014年1月現在)

協議会名称	都道府県	協議会名称	都道府県
釧路湿原自然再生協議会	北海道	巴川流域麻機遊水地自然再生協議会	静岡県
上サロベツ自然再生協議会	北海道	三方五湖自然再生協議会	福井県
吉森山麓高原自然再生協議会	秋田県	神於山保全活用推進協議会	大阪府
久保川イーハトーブ自然再生協議会	岩手県	上山高原自然再生協議会	兵庫県
蒲生干潟自然再生協議会	宮城県	中海自然再生協議会	島根県 鳥取県
伊豆沼・内沼自然再生協議会	宮城県	八幡湿原自然再生協議会	広島県
霞ヶ浦田村・沖宿・戸崎地区自然再生協議会	茨城県	椹野川河口域・干潟自然再生協議会	山口県
多々良沼・城沼自然再生協議会	群馬県	竹ヶ島海中公園自然再生協議会	徳島県
くぬぎ山地区自然再生協議会	埼玉県	竜串自然再生協議会	高知県
荒川太郎右衛門地区自然再生協議会	埼玉県	樫原湿原地区自然再生協議会	佐賀県
野川第一・第二調節池地区自然再生協議会	東京都	阿蘇草原再生協議会	熊本県
多摩川源流自然再生協議会	山梨県	石西礁湖自然再生協議会	沖縄県

人間の手で完成させてしまうことが目的ではなく，自然を回復させるのが目的であり，それを成しうる自然そのもののもつ回復力の条件整備に力点が置かれるべきである．その際，間伐材や雑木の小さいものや枝である粗朶などの地域の自然資源や伝統的な手法の活用，人力を十分に活用した労働集約的な作業など，それぞれの地域の自然条件に応じたきめ細かい丁寧な手法による自然再生・修復を進めていくことが求められる．

また，河川と湿原，干潟と藻場のように，自然再生事業では複合的な生態系を対象とするケースもあるため，関係する各省庁が連携して効果的・効率的に進めることが重要となる．例えば，失われた生態系を自然再生事業で回復させようとする場合には，そこを流れる水の管理が重要となり，河川を所管する国土交通省，上流の森林や農地を所管する農林水産省，そして自然や野生生物を所管する環境省が相互に連携・役割分担し，全体構想の下で共同して事業を進

めていく必要がある。また，地方公共団体，学識経験者などの専門家，地域住民，NPO，ボランティアなど多様な主体の参画が重要となってくる。

さらに，自然再生事業では回復させる自然の目標を定めるが，これには自然的条件（生態系の現況など），地域や国民からの社会的要請，再生のための技術的可能性などの要素が関係する。これらの科学的・社会的な情報を，すべての関係者が共有した上で，社会的な合意を図りながら目標設定を行うことが重要である。

9.7 自然生態系に関する主な国際条約

これまで国内における自然保護の法令を示してきたが，渡り鳥のように国を越え移動する動物や，ゾウ，サイ，トラなどの地域固有の動物は，当該国の保護だけでは十分な効果が得られない。さらに，多種多様な動植物が生息，生育する途上国においては，資金や知識がないために十分な対策が講じられていないのが現状である。そこで，多数の国が自然保護に関する条約を結び，対策の足並みをそろえることが重要である。

条約とは国際的な取り決めを定めたものであり，条約の締約国における権限はないが，条約に基づき国内法をつくるので，この法律が国内権限を有することになる。

9.7.1 ラムサール条約

ラムサール条約（正式名称：特に水鳥の生息地として国際的に重要な湿地に関する条約，Convention of Wetlands of International Importance Especially as Waterfowl Habitat）は1971年に採択された干潟などの湿地を保全するための国際的な取組みである。その目的は，湿地を生態的に必要とする動植物，特に国境を越えて渡る水鳥の保護を念頭に，湿地生態系全体を保全すること，またそれを賢明に利用（wise use）することである。締結国は，国内から国際的に重要と思われる湿地を一つ以上選び，条約事務局にある登録簿に登録する（登

録湿地)。締結国は，湿地保全のための計画をつくり，登録湿地を保護する義務がある。

1980年に加入した日本においては，条約に登録された湿地は，2014年3月現在で**図9.14**に示す釧路湿原，琵琶湖など37ヶ所である。日本では湿地をまとめて保護する法律はなく，自然公園法，鳥獣保護法，自然環境保全法などの国内法により，保護・保全を行っている。

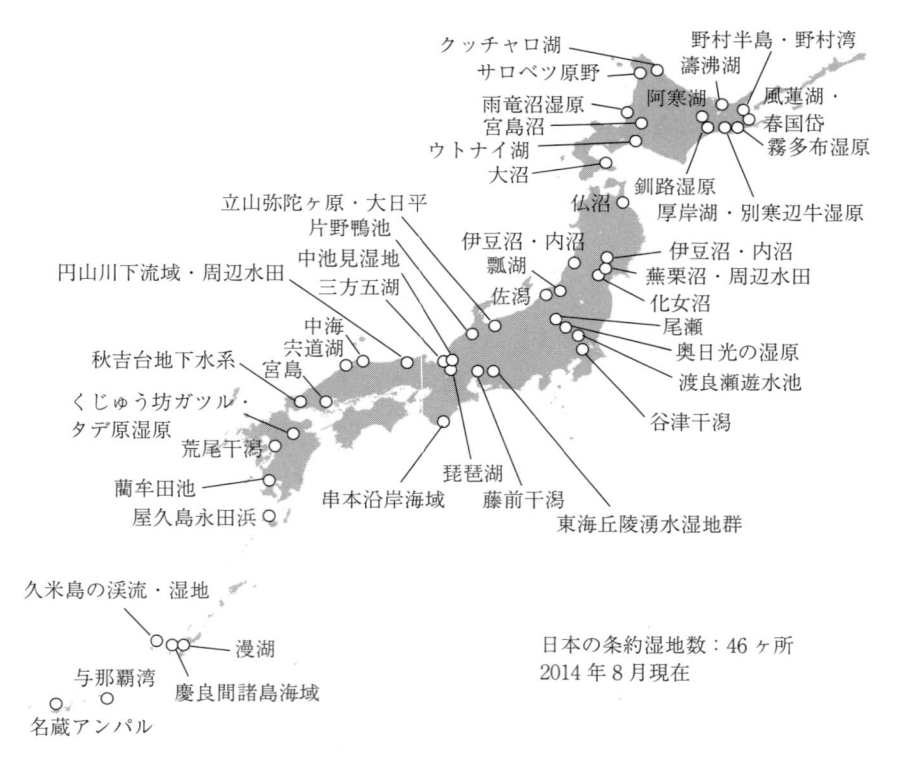

図9.14 日本におけるラムサール条約登録湿地

9.7.2 ワシントン条約

ワシントン条約（正式名称：絶滅のおそれのある野生動植物の種の国際取引に関する条約，Convention on International Trade in Endangered Species of Wild

9.7 自然生態系に関する主な国際条約

Fauna and Flora) は，野生生物の捕獲・採取または生息域の破壊を直接に禁止するものではなく，絶滅のおそれのある野生生物を保護するため，① 死体を含むそれらの「個体」，② 象牙など個体の「一部」，③ ワニ皮のバックのような「加工品」，の国際取引を規制するための条約である。

取引規制対象種は**表9.8**に示すような3種のタイプに分けられる。附属書Ⅰは，特に絶滅のおそれが高いもので，取引きにより影響を受ける種を約950種掲載している。附属書Ⅱは，現在必ずしも絶滅のおそれはないが，取引きに厳重な規制がなければ「絶滅のおそれがある種」を約37 000種掲載している。附属書Ⅲは，締結国が自国領域内で規制が必要であると認め，かつ取引規制のために他の締結国の協力が必要となる種を約170種掲載している。附属書ⅡとⅢの野生生物については，輸出許可書の提出により商業的国際取引が可能である。

表9.8 ワシントン条約における付属書の概要

	掲載基準	主な掲載種	規制の内容
附属書Ⅰ	いますでに絶滅する危険性がある生き物	ジャイアントパンダ，トラ，ゴリラ，オランウータン，シロナガスクジラ，タンチョウ，ウミガメ科の全種など約900種の動植物	商業のための輸出入は禁止される。学術的な研究のための輸出入などは，輸出国と輸入国の政府が発行する許可書が必要となる。
附属書Ⅱ	国どうしの取引きを制限しないと，将来，絶滅の危険性が高くなるおそれがある生き物	タテガミオオカミ，カバ，ウミイグアナ，トモエガモ，ケープペンギン，野生のサボテン科の全種，野生のラン科の全種など，約33 000種の動植物（ただしサボテン科とラン科の植物は附属書Ⅰのものもある）	輸出入には，輸出国の政府が発行する許可書が必要となる。
附属書Ⅲ	その生き物が生息する国が，自国の生き物を守るために，国際的な協力を求めている生き物	ボツワナのアードウルフ，カナダのセイウチ，南アフリカのミダノアワビ，ボリビアのオオバマホガニーなど約300種の動植物	輸出入する場合には，輸出国の政府が発行する許可書が必要となる。

1980年に加入した日本では，種の保存法で扱われる「希少野生動植物種」は，政令で定める「国内希少野生動植物種」と「国際希少野生動植物種」に大別される。後者の国際希少野生動植物種はワシントン条約の附属書Ⅰやラムサー

ル条約によって指定された種で，その輸出入は，外国為替及び外国貿易法，輸入貿易管理法および関税法によって規制されている。

9.7.3 生物多様性条約

生物多様性条約（正式名称：生物の多様性に関する条約，Convention on Biological Diversity）は 1992 年に国連環境開発会議（地球サミット）で採択された条約であり，翌 1993 年に発行された。条約の前文には，生物の多様性は，人類の生存を支えるだけなく，食糧や医薬品の原料など多くの利益をもたらしている一方で，生物の多様性の著しい減少や喪失が問題となっていることを指摘し，生物多様性を保全するためには，生態系や自然環境の保全，自然の生息環境における種の個体群の維持や回復が不可欠であることを述べている。つまり，生物多様性条約はラムサール条約やワシントン条約などのように特定の動植物を保護するのではなく，地球上のすべての生物とその生態系を保全することを目指した条約である。

生物多様性条約は第 1 条で，(1) 生物多様性の保全，(2) 生物多様性の構成要素の持続可能な利用，(3) 遺伝資源としての利用から生ずる利益の公正かつ公平な配分，の三つを目的として掲げている。締結国には，生物多様性の保全と持続可能な利用を目的とする国家戦略を作成・実行することを義務づけている。生物多様性の保全だけではなく，持続可能な利用を明記しているのも特徴の一つである。

また，先進国に対しては，開発途上国の取組みを支援する資金支援と技術協力の仕組みと，研究・開発の利益を遺伝資源提供国に公正・公平に配分するための措置をとることを義務づけている。条約が成立する前には，天然資源や遺伝資源に対する主権があいまいで，先進国や企業は，遺伝資源が存在する途上国や先住民に利益を還元することなく持ち出し，医薬品，食料品や化粧品などの製品開発に利用し，莫大な利益を得ている事例が多かった。しかし，本条約の第 16 条で国は自国の資源に対して主権的権利を有することが規定され，利用したい遺伝資源が存在する国と合意した条件の下で，遺伝資源を取得するこ

コーヒーブレイク

宇宙船地球号

「宇宙船地球号（Spaceship Earth）」という言葉は，20世紀アメリカの建築家・思想家，バックミンスター・フラー（Buckminster Fuller）によって有名になった。彼は1963年，『宇宙船地球号操縦マニュアル（Operating manual for Spaceship Earth）』を著し，宇宙的な視点から地球の経済や哲学を説いた。

彼はこの書籍で，地球と人類が生き残るためには，個々の学問分野や個々の国家といった専門分化された限定的なシステムでは地球全体を襲う問題は解決できないことを論じ，地球を包括的・総合的な視点から考え理解することが重要であり，そのために教育や世界のシステムを組み直すべきだとした。彼は化石燃料や原子力エネルギーや鉱物資源などの消費について，彼独特の包括的アプローチを反映しながらつぎのように述べた。

「私たちがまず理解するのは，物質的なエネルギーは保存されるだけでなく，つねに「宇宙船地球号」に化石燃料貯金としてためられて，それは増える一方だということだ。この貯金は光合成や，地球号表面で続けられる複雑な化石化の過程によって進められ，さらには霜や風や洪水や火山，地震による変動などによって，地球の地殻深くに埋められたものだ。もし私たちが，「宇宙船地球号」の上に数十億年にもわたって保存された，この秩序化されたエネルギー貯金を，天文学の時間でいえばほんの一瞬にすぎない時間に使い果たし続けるほど愚かでないとすれば，科学による世界を巻き込んだ工業的進化を通じて，人類すべてが成功することもできるだろう。これらのエネルギー貯金は「宇宙船地球号」の生命再生保障銀行口座に預けられ，自動発進（セルフ・スターター）機能が作動するときにのみ使われる。」

フラーは，地球の歴史とともに蓄えられてきた有限な化石資源を燃やし消費し続けることがいかに愚かであるかを説いた。これらの資源は自動車でいえばバッテリーのようなものであり，メインエンジンのセルフスターターを始動させるために蓄えておかねばならないとした。メインエンジンとは風力や水力，あるいは太陽などから得られる放射エネルギーなどの巨大なエネルギーのことであり，これらのエネルギーだけで社会や経済は維持できると主張し，化石燃料と原子力だけで開発を行うことはまるでセルフスターターとバッテリーだけで自動車を走らせるようなものだと述べた。彼は人類が石油やウランといった資源に手を付けることなく，地球外から得るエネルギーだけで生活できる可能性がすでにあるのに，現存する経済や政治のシステムではこれが実現不可能であると述べ，変革の必要性を強調した。

ととなった。このため遺伝資源の利用から生じた利益の公平な配分（access to genetic resources and benefit sharing, ABS）をめぐり，遺伝子資源を利用する技術（バイオテクノロジーを含む）をもつ先進国と遺伝子資源をもつ途上国が対立する解決困難な問題となっている。

　日本は1993年に加盟し，条約の実施のための国内措置として生物多様性国家戦略を1997年（1次），2002年（2次）に策定し，2008年には生物多様性基本法（第10章4節）が成立している。また，遺伝子組換え生物が生物多様性および人の健康に影響を与えないように，国際間の移動，取扱い，利用に関するルールを定めたカルタヘナ議定書（正式名称：生物多様性条約バイオセーフティに関するカルタヘナ議定書）が1999年に採択され，これに基づき日本ではカルタヘナ法（10-5-3）を成立させている。

演 習 問 題

【1】「環境基本法の基本理念」に示される三つの理念を挙げよ。

【2】「環境影響評価法」では，[　　]を第1種事業として定め，環境アセスメントの手続きを必ず行うこととして定めている。[　　]に該当する適切な説明を下記から選べ。
　　A．国または地方自治体による開発事業
　　B．景観法ないし自然公園法によって定められている区域内の開発事業
　　C．規模が大きく環境に大きな影響を及ぼすおそれのある事業

【3】「環境影響評価法」におけるスクリーニングとスコーピングについて説明せよ。

【4】「生物多様性基本法」で取り扱っている三つのレベルの多様性を説明せよ。

【5】野生生物の保護に関してつぎの個別法が存在する。説明に該当する法律名を答えよ。
　　（1）野生の鳥類や哺乳類の保護を目的とした法律
　　（2）絶滅のおそれのある「希少野生生物」の指定・保護をする法律
　　（3）生態系などに有害な「特定外来生物」の指定，輸入禁止や防除を目的とする法律

【6】 「自然公園法」と「自然環境保全法」の目的の違いを説明せよ。

【7】 つぎの説明文の [ ] の部分に当てはまる適切な語句を答えよ。
 (1) 「ラムサール条約」は水鳥とその生息地である [ ] の保護が目的
 (2) 「ワシントン条約」は絶滅のおそれのある [ ] の保存が目的
 (3) 「生物多様性条約」は，「ラムサール条約」や「ワシントン条約」などにように特定の動植物を保護するのではなく，地球上のすべての生物とその [ ] を保全することを目的とする。この中で，遺伝資源の利用と [ ] 配分について名古屋議定書（2010）が合意された。

【8】 ラムサール条約に登録されているわが国の湿地を三つ挙げよ。

引用・参考文献

1 章

1) 総務省統計:世界の統計 2013, http://www.stat.go.jp/data/sekai/notes.html（2014）[†]
2) 内閣府大臣官房政府広報室:世論調査報告書, http://www.env.go.jp/nature/whole/chosa.html（2014）
3) 巌佐 庸, 松本忠夫, 菊沢喜八郎:生態学辞典, 共立出版（2003）
4) 米本昌平:地球環境問題とはなにか, 岩波書店（1994）
5) 青山芳之:環境生態学入門, オーム社（2008）
6) 地球環境研究会 編:地球環境キーワード事典 四訂版, 中央法規出版（2003）
7) 外務省:ODA と地球規模の課題, http://www.mofa.go.jp/mofaj/gaiko/kankyo/（2015）
8) 有田正光 編著:水圏の環境, 東京電機大学出版局（1998）
9) 小島あずさ, 眞 淳平:海ゴミ―拡大する地球環境汚染, 中公新書（2007）
10) 石 弘之:地球への警告, 朝日文庫（1991）
11) 環境省:環境白書 平成 26 年度版, ぎょうせい（2014）
12) 気象庁:IPCC 第 4 次評価報告書（2007）

2 章

1) 原口 昭 編著:生態学入門, 生物研究社（2010）
2) 青山芳之:環境生態学入門, オーム社（2008）
3) 松本忠夫:生態と環境, 岩波書店（1993）
4) 日本生態学会 編:生態学入門, 東京化学同人（2004）
5) 沖縄県宜野湾市教育委員会文化課 編:宜野湾市史第 9 巻, 宜野湾市（2003）
6) 鷲谷いづみ:絵でわかる生態系のしくみ, 講談社サイエンティフィク（2008）
7) Whittaker, R.H.:Communities and Ecosystems, 2nd edition, Macmillan, London（1975）
8) Lonsdale, E.M. and Watkinson, A.R.:Light and self-thnning, New Phytologist,

---

[†] 本書に掲載の URL は, 編集当時のものであり, 変更される場合がある.

90, pp.431-435（1983）
9) MacArthur, R.H. and Wilson, E.O.：The Theory of Island Biogeography, p.203, Princeton University Press, Princeton, N.J.（1967）

3 章

1) 児島浩憲：生態系のふしぎ，ソフトバンククリエイティブ（2009）
2) 松本忠夫：生態と環境，岩波書店（1993）
3) 国立天文台 編：理科年表 平成 27 年，丸善出版（2014）
4) 青山芳之：環境生態学入門，オーム社（2008）
5) オダム, E.P.（三島次郎 訳）：基礎生態学，培風館（1991）
6) 西岡修三：地球の環境，学習研究社（2009）
7) 気象庁：IPCC 第 3 次評価報告書（2001）
8) 日本生態学会 編：生態学入門，東京化学同人（2004）
9) 江崎保男：生態系ってなに，中公新書（2007）

4 章

1) 松本忠夫：生態と環境，岩波書店（1993, 2009）
2) 花木啓祐 ほか：環境工学基礎，実教出版（2013）
3) 日本生態学会 編：生態学入門，東京化学同人（2004）
4) アンダーセン, T.：水圏生態系の物質循環，恒星社厚生閣（2006）
5) 鷲谷いづみ：絵でわかる生態系のしくみ，講談社サイエンティフィク（2008）
6) 浮田正夫，河原長美，福島武彦：環境保全工学，技報堂出版（1997）
7) 吉村忠与志，吉村嘉永，本間善夫，村林眞行：物質循環の化学，三共出版（2010）
8) 須藤隆一，西村 修，藤本尚志，山田一裕：環境保全化学入門，生物研究社（2003）

5 章

1) ノーマン・マイアース（林雄次郎 訳）：沈みゆく箱舟―種の絶滅についての新しい考察，岩波書店（1981）
2) 環境省：環境白書 平成 26 年度版，ぎょうせい（2014）
3) 青山芳之：環境生態学入門，オーム社（2008）
4) 原口 昭 編著：生態学入門，生物研究社（2010）
5) 生物多様性政策研究会：生物多様性キーワード事典，中央法規出版（2002）

6) 浦野紘平，松田裕之：生態環境リスクマネジメントの基礎―生態系をなぜ、どうやって守るのか，オーム社（2007）
7) 松田裕之 ほか：生態リスクマネジメントの基本手順と事例比較，生物科学，農山漁村文化協会（2006）
8) 松本忠夫 編著：生命環境科学Ｉ，放送大学教育振興会（2005）

6章

1) 栗山浩一，拓殖隆宏，庄子 康：初心者のための環境評価入門，勁草書房（2013）
2) 地球環境戦略研究機関：生物多様性の経済学（TEEB）報告書和訳，http://www.iges.or.jp/jp/archive/pmo/1103teeb.html（2014）
3) Sonu, C.J.：「アメリカの環境政策の動向から見た日本の環境保全の将来」，土木学会海岸工学委員会，Choule J. Sonu 博士講演会資料（1999）
4) 浮田正夫，河原長美，福島武彦：環境保全工学，技報堂出版（1997）
5) 鷲谷いづみ，矢原徹一：保全生態学入門―遺伝子から景観まで―，文一総合出版（1996）
6) 廣瀬利雄，応用生態工学序説編集委員会 編：応用生態工学序説―生態学と土木工学の融合を目指して―（増強版），信山社サイテック（1999）
7) 土木学会 編：環境工学公式・モデル・数値集，丸善出版（2008）
8) 玉井信行，水野信彦，中村俊六：河川生態環境工学，東京大学出版会（1993）
9) 和田 清：ミティゲーション効果に関する生態環境評価手法―沿岸海域の環境造成を題材として―，河川生態環境評価法（第1回）資料（1995）
10) 日本生態系協会 編：環境アセスメントはヘップ（HEP）でいきる―その考え方と具体例―，ぎょうせい（1998）
11) 田中 章：HEP入門〈ハビタット評価手続き〉マニュアル，朝倉書店（2006）
12) 関根雅彦：生物生息環境の影響評価手法，水環境学会誌，**25**，7，pp.379-384（2002）
13) アメリカ合衆国内務省/国立生物研究所（中村俊六・テリー・ワドゥル 共訳）：IFIM入門，リバーフロント整備センター（1999）
14) 中村俊六：生態系に配慮した川の生態環境評価法に関する研究報告書，河川整備基金助成事業（調査・試験・研究）（1995）
15) Barnett, A.M., Johnson, T.D and Purcell, L.：Evaluation of the mitigative value of an artificial reef relative to open coast sand bottom by the biological evaluation standardized technique（BEST），JUS91 Proceedings，pp.112-115（1991）
16) 浦野紘平，松田裕之：生態環境リスクマネジメントの基礎―生態系をなぜ、どうやって守るのか，オーム社（2007）

17) 鷲谷いづみ，草刈秀紀：自然再生事業—生物多様性の回復をめざして，築地書館（2003）
18) 谷津義男，田端正広：自然再生推進法と自然再生事業，ぎょうせい（2004）
19) 環境省：環境白書 平成22年度版，ぎょうせい（2010）

7章

1) 岡田光正，大沢雅彦，鈴木基之：環境保全・創出のための生態工学，丸善出版（1999）
2) 多自然川づくり研究会：多自然川づくりポイントブック，リバーフロント整備センター（2007）
3) 多自然川づくり研究会：多自然川づくりポイントブックII，リバーフロント整備センター（2008）
4) Blab, J.：ビオトープの基礎知識，日本生態系協会（1997）
5) 日本生態系協会 監修：ビオトープ管理士資格試験公式テキスト，日本能率協会マネージメントセンター（2010）
6) 近自然研究会 編：ビオトープ，誠文堂新光社（2004）

8章

1) 岡田光正，大沢雅彦，鈴木基之：環境保全・創出のための生態工学，丸善出版（1999）
2) 日本生態学会 編：森林生態学，共立出版（2011）
3) 巌佐 庸，松本忠夫，菊沢喜八郎：生態学辞典，共立出版（2003）
4) 松本忠夫：生態と環境，岩波書店（1993，2009）
5) 環境省自然環境局自然環境計画課：http://www.env.go.jp/nature/shinrin/（2014）
6) 亀山 章，倉本 宣：エコパーク（生き物のいる公園），ソフトサイエンス（1998）
7) 須藤隆一：環境修復のための生態工学，講談社（2000）
8) 土木学会関西支部 編：川のなんでも小事典—川をめぐる自然・生活・技術，講談社（2008）
9) 日本水産学会 編：浅海域の生態系サービス—海の恵みと持続的利用，恒星社厚生閣（2011）
10) 日本水産学会 編：森川海のつながりと河口・沿岸域の生物生産，恒星社厚生閣（2008）
11) 地球環境研究会 編：地球環境キーワード事典 四訂版，中央法規出版（2003）
12) 有田正光 編著：水圏の環境，東京電機大学出版局（1998）

13) 国土交通省近畿地方整備局：大阪湾環境データベース，http://kouwan.pa.kkr.mlit.go.jp/kankyo-db/（2015）
14) 栗原　康：河口・沿岸域の生態学とエコテクノロジー，東海大学出版会（1988）
15) 沖野外輝夫：河川の生態学，共立出版（2002）
16) 加藤　真：日本の渚―失われゆく海辺の自然，岩波書店（1999）
17) 可児藤吉：渓流棲昆虫の生態，日本生物誌（昆蟲上巻），研究社（1944）
18) 国土交通省：多自然川づくり，http://www.mlit.go.jp/river/kankyo/main/kankyou/tashizen/（2015）
19) 国立環境研究所：「干潟等湿地生態系の管理に関する国際共同研究（平成10～14年）」報告書，国立環境研究所特別報告（2003）
20) 環境省：干潟生態系に関する環境影響評価の今後のあり方（2006）
21) 秋山章男，松田道生：干潟の生物観察ハンドブック―干潟の生態学入門，東洋館出版社（1974）
22) 大阪自然史博物館・大阪自然史センター：干潟を考える　干潟を遊ぶ，東海大学出版会（2008）
23) 運輸省港湾局：港湾構造物と海草藻類の共生マニュアル（1998）
24) 廣瀬利雄，応用生態工学序説編集委員会 編：応用生態工学序説―生態学と土木工学の融合を目指して―（増強版），信山社サイテック（1999）

9章

1) 畠山武道，大塚　直，木村善宣：環境法入門（第3版），日本経済新聞出版社（2007）
2) 日本生態系協会 編：環境を守る最新の知識（第2版），信山社（2006）
3) 交告尚史，臼杵知史，前田陽一，黒川哲志：環境法入門（第2版），有斐閣アルマ（2012）
4) 廣瀬利雄：自然再生への挑戦―応用生体工学の観点から―，学報社（2007）
5) 磐佐　庸・松本忠夫・菊沢喜八郎・日本生態学会 編：生態学辞典，共立出版（2003）
6) 日本水環境学会 編：日本の水環境行政（改訂版），ぎょうせい（2009）
7) 総務省法令データ提供システム：http://www.e-gov.go.jp/（2014年7月20日現在）
8) 環境省：http://www.e-gov.go.jp/（2014）
9) 国土交通省：http://www.mlit.go.jp/（2014）
10) 農林水産省：http://www.maff.go.jp/（2014）

演習問題解答

1章

【1】 （解答例） 地球温暖化は，降水や積雪・融雪時期の変化などを通して，水資源量の時間的な変動を大きくするため，年単位でみれば問題のない地域でも，季節・月のスケールでは水不足が生じ，問題をより深刻にする可能性がある。

【2】 省 略。

【3】 ① 再び　② 人類　③ 地球規模　④ 環境（世界経済）
　　　⑤ 世界経済（環境）　⑥ 相互　⑦ 温室効果ガス　⑧ 二酸化炭素

【4】 （1） 海洋汚染/タンカーの廃油　（2） 野生生物の絶滅/生態系サービス
　　　（3） 砂漠化/農地の塩害　　　　（4） 酸性雨/アルミニウムの溶出
　　　（5） 熱帯林の減少/雨水の貯留　（6） 有害廃棄物の越境移動/バーゼル条約
　　　（7） 開発途上国の公害/環境負荷の大きな産業

2章

【1】 本文参照。

【2】 （解答例：都市部の生態系） ヒヨドリやムクドリ，キジバトなどの野鳥がよく見られる。また，ツバメやアブラコウモリなどは，繁殖や休息の場所として，人家などの建造物を利用している。彼らの生息に適した空間，大気環境，土壌環境や水環境が存在の他，餌資源となる昆虫などの他の生物の存在が重要な役割を果たしている。

【3】 （1） 相互作用　（2） 作用　（3） 反作用　（4） 反作用
　　　（5） 作用

【4】 本文参照。

【5】 動物界脊椎動物門哺乳網霊長目ヒト科ヒト属ヒト種

【6】 左より，富士山型（自然的増加型。開発の進んでいない国），釣鐘型（少子化が進みつつある国），つぼ型（社会的増減の型。少子高齢化の国）

【7】 本文参照。

【8】 $15 = 10e^{r \cdot 7}$, $e^{7r} = \dfrac{15}{10}$, 　内的自然増加率 $r = \dfrac{\ln(1.5)}{7} = 0.0579$

　　　$N = 10e^{0.0579 \cdot 20} = 31.8$ ⇒ 31匹

【9】 増加率 r の計算

$$2N_0 = N_0 e^{rt}, \quad rt = \ln(2), \quad r = \frac{0.693}{0.5} = 1.386$$

∴ マルサス成長式　$N = 1e^{1.386t}$

プールの水面積 $= 3.14 \times 6 \times 6 \times 10^4 = 1\,130\,400 \text{ cm}^2$

日数の計算 $t = \ln(1\,130\,400)/1.386 = 10.056\,336 = 10.06$

増加率 $r = 1.386 \text{ cm}^2/$日

日数：10.06日間，期間でいうと10.06日間（10日間1時間26分）つまり7月15日の1時26分ごろとなる。

【10】（1） 荒れ地戦略（R-戦略）　（2） K-選択種　（3） r-選択種
　　　（4） 耐ストレス戦略（S-戦略）　（5） 競争戦略（C-戦略）

【11】 本文参照。

3章

【1】 ① 生産者　② 消費者　③ 分解者　④ 総生産量　⑤ 純生産量
　　 ⑥ 枯死量　⑦ 被食量　⑧ 摂食量　⑨ 不消化排出量
　　 ⑩ 呼吸量　⑪ 純生産量

【2】 回転率 $= P_n/B$ で計算できる，滞留時間はその逆数である（計算例は**解表 3.1** 参照）。

解表 3.1　計　算　例

生態系 （乾燥重量）		B 〔kg/m²〕	P_n 〔kg/(m²·y)〕	回転率 〔1/y〕	滞留時間 〔y〕
熱帯 雨林	植物	45	2.2	0.05	20.5
	動物	0.019 4	0.015 3	0.79	1.3

【3】 B と G の関係から草原と海峡の効率についてみると，海峡では草原に比べて，効率がよいといえる。草原と海峡の回転率は，約 $1.0/\text{y}$（$=4\,300/4\,250$）と $165/\text{y}$ と（$=2\,650/16$）である。草原では，（有機物の生産と消費の図から）植物の純生産量の $4\,300 \text{ kcal/m}^2$ のうち，$4\,000 \text{ kcal/m}^2$ が動物に食われることなく枯れていることになる。枯死した草（有機物）は，バクテリアを中心とする腐食連鎖に回され，土壌中の生物を養っている。一方，海では，（有機物の生産と消費の図から）生産された植物プランクトンはすぐさま（2日）動物プランクトンに捕食されている。

【4】 水界生態系においては，光合成生物である植物プランクトンやシアノバクテリアが細胞外に排出する溶存有機物などを栄養として従属栄養細菌が増え，これを原生動物が摂食する微生物連鎖が重要な役割を果たしている。

【5】 生食連鎖は，動物が生きたままの植物を摂取することから始まる食物連鎖であり，緑色植物→草食動物→小型肉食動物→大型肉食動物といったつながりである。腐食連鎖は，菌類が生食連鎖で排出された，デトリタスを摂取することから始まる食物連鎖であり，有機堆積物→動植物→バクテリアや菌類→腐食者→肉食動物といったつながりである。

【6】 太陽熱により水が蒸発し雲となり，それが冷えて雨や雪となる。また太陽放射エネルギーで大気の温度が上昇し，温度差によって風が起きる。風によって波も生じる。

【7】 $1\,\mathrm{m}^2$ の太陽電池が1秒間に得るエネルギーは
$$1.96\,\mathrm{cal/(cm^2\cdot min)} \times \frac{1\,\mathrm{min}}{60\,\mathrm{s}} \times 4.2\,\mathrm{J/cal} \times 10^4\,\mathrm{cm^2/m^2} \times 0.1 = 1.37 \times 10^2\,\mathrm{W/m^2}$$
である。したがって，1 kwの電力を得るには
$$\frac{1\,\mathrm{kW}}{1.37 \times 10^2\,\mathrm{W/m^2}} = 7.30\,\mathrm{m^2}$$
の面積（例えば，約 2.7 m × 2.7 m）の太陽電池が必要である。

4章

【1】 生物圏は地球規模でみた場合の生存場所に対応する概念であり，地球表層生物が生活を営んでいる場である。生物圏は大気圏，水圏，岩圏と並び，地球のサブシステムの一つであるが，通常，生物は陸域，海域，大気にまたがって存在するため，他のサブシステムのように空間的に明確ではない。

【2】 省　略。

【3】 ① 脱窒　② 硝化
最も強い毒性をもつものは，亜硝酸性窒素 NO_3^-

【4】 （解答例）　炭素は光合成，食物連鎖（被食，捕食，呼吸，分解）の過程を通じて循環する。窒素は大気中の N_2 ガスを特殊な微生物によって窒素化合物として固定され，食物連鎖の経路をたどる。そして窒素化合物は土壌や水域の硝酸性窒素などを脱窒によって N_2 ガスにし，大気中に戻ることで循環している。

【5】 （解答例）　排水や肥料に含まれる窒素やリンは富栄養化の原因物質とされており，これらが大量に水域に流入すると，植物プランクトンなどが増加し有機汚濁が発生する。

5章

【1】 （ア）175万　（イ）種　（ウ）遺伝子　（エ）生態系
（オ）生態系サービス　（カ）ミレニアム生態系評価　（キ）1 000

(ク) 熱帯林　（ケ）半分　（コ）レッドリスト

【2】従来は例えばジャイアントパンダのように人々の注目を集めやすい「絶滅危惧種」の保護を目的に掲げ，その生息環境を守ることで共存する他種をも保全するという方法がとられてきた。しかし，現在進行している種の絶滅は，もはやこうした個別の対策で対応できるレベルにはない。そこで，これに代わる自然環境保全のシンボルとして定着したのが「生物多様性」という考え方である。これは，種の多様性，生態系の多様性，遺伝子多様性を含めたすべての生物の多様性を包含するもので，世界全体で，将来にわたって自然と共生する持続可能な社会の実現を目指そうとするものである。

【3】① ○　② ○　③ ×　④ ○
【4】① ○　② ×　③ ×　④ ×

6章

【1】（解答例）環境アセスメントは，道路，ダム事業など環境に著しく影響を及ぼすおそれのある行為について，事前に配慮する仕組みである。影響ありとなった場合でも事業を行う場合がある。ミティゲーションは開発事業による環境や生態系に対する影響をゼロにすることを前提として，そのために行うすべての保全行為を表す概念である。

【2】省　略。

【3】解図 6.1 参照。

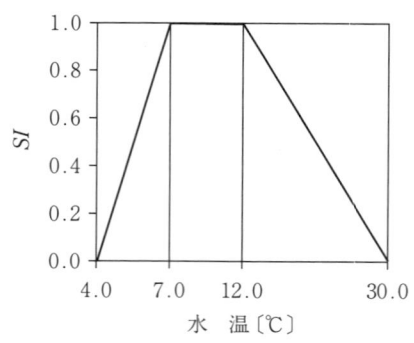

解図 6.1　水温の SI モデル

【4】解表 6.1，解図 6.2 参照

SI(水深 0.3 m) = 0.53,　SI(流速 0.2 m/s) = 0.40,　SI(底質礫) = 0.8,
$CSI = 0.53 \times 0.4 \times 0.8 = 0.1696$,　$WUA = 0.1693 \times 20 = 3.392 \text{ m}^2$

解表 6.1

水深〔m〕	面積〔m²〕	魚の数	魚の数/面積	SI
0.1	10	1	0.10	0.10
0.2	20	6	0.30	0.30
0.3	30	16	0.53	0.53
0.4	40	30	0.75	0.75
0.5	50	50	1.00	1.00
0.6	60	48	0.80	0.80
0.7	70	43	0.61	0.61
0.8	80	34	0.43	0.43
0.9	90	22	0.24	0.24
1	100	6	0.06	0.06

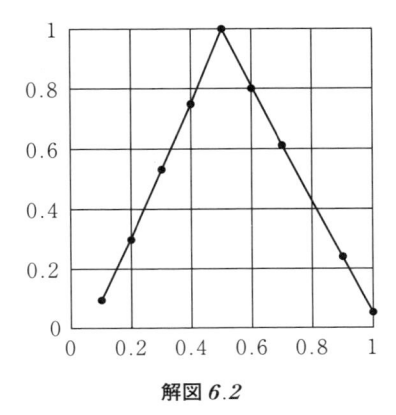

解図 6.2

【5】 管理目的の解は必ずしも一つではない。例えば、科学者が漁業などの人間活動の維持に配慮せずに自然保護の目標を達成するために、非常に厳しい漁獲制限などを提示すれば、社会的な合意は得られないことが予想できる。

【6】 （解答例）
・対立した意見の根拠となる両者の立場や意見の前提および根拠情報を冷静に整理して両者に確認すること
・それらに関する客観的ないくつかの情報を、信頼度や不確実性を含めて、わかりやすく提示・説明すること
・現状を放置した場合、および開発・利用などを行うと同時にいくつかの対策（シナリオ）を実行した場合の悪影響の予測を、不確実性の幅も含めてわかりやすく提示・説明すること

など。両者の理解と大きな共通目標の合意を促すことが科学者の重要な役割である。

7章

【1】 （解答例） 保存（preservation）は自然のために自然を守ることを意味し、現状の自然に人間が手を加えないようにすることである。保全は人間のために自然を守ることを意味し、自然環境に手を加えながら賢明な利用（wise use）をするものである。

【2】 （解答例） 地域には、それ以前からの生物間の相互作用によりその生態系が構築されているため、他の地域から移入した場合、その関係が壊れる可能性がある。ゲンジボタルの明滅間隔は関東4秒、関西2秒と異なっている。このように同種であっても、他の地域の個体群は遺伝的な違いがあるため、遺伝的な攪

乱を起こしてしまう可能性がある。
【3】（解答例）ビオトープがネットワーク化されると面的な広がりをもつようになる。面的な広がりにより，たがいに他の個体との交配が可能となり，遺伝子の多様性が維持され，病気や環境変化に対し，絶滅せずに少数でも生き残る可能性が高まる。しかし，移動により限られた生物種が優占する問題や，望まれない外来種なども移動可能となるなどの問題も生じる可能性がある。
【4】（解答例）指標生物とは保全の目標とした種で，ある特定の生物が生息することがその地域の生物多様性を表すという考えで選ばれる。代表的なものには，生息数が少なく絶滅する危機のある希少種，その地域の特徴を示すシンボル種，広い面積の生息環境を必要とするアンブレラ種，生物間相互作用の要となるキーストーン種などがある。
【5】（解答例）
　エコトーン：日本語では移行帯という。二つの異なるタイプの生態系の接点二つの異なった生態系の接点域を示し，二つの生態系の影響を受け独自の特徴をもつ。
　エコトープ：エコシステム（生態系）とほぼ同意であるが，エコシステムが機能に着目しているのに対し，エコトープは空間と場所に着目している。
　エコシステム：生態系のこと。ある地域内の生物群集と，気象，土壌，地形などの非生物的な環境が相互に関係をもちながらバランスを保っているまとまり。
　ハビタット：個体あるいは個体群を主体として，その生育・生息に必要な環境条件を備えた空間。
　ビオトープ：ある生物群集が生存できる条件を備えた地理的な最小単位。池ビオトープ，水田ビオトープなど。

8章

【1】森林
【2】水を蓄え，土壌の流出を防ぐ役割
【3】腐食連鎖
【4】（解答例）
　環境問題：廃棄物処理，大気汚染，ヒートアイランド現象，都市型洪水の発生など
　自然環境・生態系：緑地の減少と分断化，生物多様性の減少，外来生物の侵入
【5】省　略。
【6】地域で生産されたものを地域で消費することを意味している。産地から消費するまでの距離は，輸送コストや排気ガス排出量を削減し，さらには鮮度や地域お

こし，地域内の物質循環といった観点からみて，近ければ近いほど有利である。
- 【7】省　略。　※水質の諸データについては，各自治体やダム管理者のWebサイトなどでも入手することが可能である。
- 【8】（水質の場合）汚濁とは，直接生物には毒とならない物質が流入し，生態系を変化させて，生物などに毒として作用する物質を生み出すことをいう。湖沼の「富栄養化」による赤潮などがこれに相当する。一方，（水質）汚染とは，生物などにとって毒となる物質が流入し水が汚されることをいう。ダイオキシン，トリクロロエチレンなどの物質やメチル水銀などの流入によって，地下水や河川水などが汚染される例が報告されている。
- 【9】本文参照。
- 【10】（解答例）（1）埋立などの開発事業によって，失われた浅海域・水辺空間が本来もっていたであろう生活や憩いの場，生物の生息・生産の場の再生が期待される。また，生物による水質浄化などの効果も期待される。
　　（2）特に整備当初の環境変化の影響が大きく短期的なモニタリング結果のみで判断するのは性急である。長期的な事後モニタリングを行いつつ，問題が生じた際には事態が悪化する前に適切に改善を図る必要がある。
　　（3）多くの事業では，造成後の底質の流失が問題となっている。周辺の河川流・海流を踏まえた漂砂メカニズムを明らかにし，土砂リサイクルが機能するような対処が必要である。

9章

- 【1】環境の恵沢の享受と継承，環境への負荷の少ない持続的発展の可能な社会の構築，国際的協調による地球環境保全の積極的推進
- 【2】C
- 【3】（解答例）スクリーニングは，第2種事業に関して事業の内容の規模，地域の環境特性などを考慮して，環境アセスメントの実施の要否を個別に決定する手続きである。スコーピングは，対象事業の目的と内容，および環境影響評価の項目と手法を決定する手続きのことである。
- 【4】生態系の多様性，種の多様性，遺伝子の多様性（説明省略）
- 【5】（1）鳥獣保護法　（2）種の保存法　（3）外来生物法
- 【6】自然公園法：すぐれた自然の保護や自然とのふれあいの増進を目的とする（保護と利用）。
　　自然環境保全法：風景の良し悪しとは無関係にすぐれた自然を保護することを目的とする（保護）。
- 【7】（1）湿地　（2）野生動植物の種　（3）生態系，利益
- 【8】省　略。　※最新の情報については環境省のWebサイトなどで確認できる。

索引

【あ】

亜種　28
アデノシン三リン酸（ATP）　55
荒れ地戦略（R-戦略）　41

【い】

移行帯　132
移住　37
維持流量　102, 105
一次生産　53
一次生産者　53
一次遷移　45
遺伝子の多様性　78, 94, 131, 175
遺伝的特性　131
移動　37

【う】

ウィーン条約　8

【え】

エアロゾル　69
栄養塩類　138
栄養段階　43, 50
エコトーン　132, 152
エコロジカルネットワーク計画　142
エコロジカルフットプリント　90
塩類集積　146

【お】

オゾン層　6

オゾンホール　6
汚濁指標（PI）　96, 97
オポチュニスト種　34
重み付き利用可能面積（WUA）　102
温室効果ガス　4

【か】

科　28
回復　122
海洋汚染　12
外来種　141, 179
外来生物　84, 185, 186
外来生物法　185
回廊　131
攪乱　135
攪乱依存戦略　41
カルタヘナ法　184
環境　1
環境アセスメント　91
環境影響評価　91
環境基本法　174
環境形成作用　21
環境財　90
環境作用　21
環境収容力　31
環境抵抗　31
環境法　172
環境保全型農業　146
環境要因　20
環境リスク　110
還元者　51
乾性降下物　69
間伐　139

【き】

気圏　66
気候変動に関する政府間パネル（IPCC）　5
基礎生産者　53
基盤サービス　27
ギャップ　135
供給サービス　27
競争戦略（C-戦略）　41
競争排除の法則　43
京都議定書　6
極相　46, 138
ギルド　43
菌界　28
緊急指定種　184

【く】

クロロフィル　53
群集　29, 42
群落　29, 42

【け】

計画アセスメント　179
原核生物界　28
原生生物界　28
現存量　53

【こ】

光合成　53
合成適性基準（CSI）　104
呼吸量　53
国際希少野生動植物種　184, 197

国内希少野生動植物種 184, 197	食物網 60	生物圏 66
枯死量 53	食物連鎖 59, 144	生物指数（BI） 97
個体 29	人為攪乱 135	生物多様性 78
個体群 29	シンプソンの多様度指数 94	生物多様性基本法 179
個体数の均等性 94	森林限界 25	生物多様性国家戦略 82
コリドー 131	森林減少 10	生物多様性条約（CBD） 82, 198
【さ】	森林生態系 133	生物多様性ホットスポット 81
最終収量一定の法則 36	【す】	生物保全指数（IBI） 108
採餌率 104	水圏 66	摂食 55
再生 122, 191	水源涵養機能 136	絶滅危惧IA類（CR） 84
作用 21	水質階級 96	絶滅危惧IB類（EN） 85
酸性雨 9, 69	スクリーニング 177	絶滅危惧II類（VU） 85
【し】	スコーピング 177	絶滅種（EX） 84
	ストレス耐性戦略（S-戦略） 41	遷移 135
シアノバクテリア 73	【せ】	選好曲線 104
シグモイド曲線 32		選択度曲線 104
自己間引き 36	瀬 158	戦略的環境アセスメント 179
支持サービス 27	生活環 39	
自然攪乱 135	生活史 39, 129	【そ】
自然環境保全法 190	生活史戦略 40	相互作用 19, 21
自然公園法 188	制限要因 20	創出 122, 191
自然再生推進法 191	生産者 50	創生 122
自然選択 39	正常流量 102	総生産量 53
持続可能な開発 3, 175	生食経路 60	属 28
湿性降下物 69	生食連鎖 60, 144	ゾーニング 127, 142
指標生物 95	生食連鎖系 134	【た】
シャノン・ウィーナー指数 94	生態学的指標種 126	
種 28	生態系 19	第1種適性基準 103
従属栄養生物 51	――の多様性 79, 94, 175	第2種適性基準 103
種間関係 44	生態系機能 27	第3種適性基準 104
種数平衡説 38	生態系サービス 27, 89	脱窒作用 69
種内競争 35	生態遷移 45	淡水赤潮 151
種の多様性 78, 94, 175	生態的地位 42	【ち】
種の保存法 183	生態的特性 131	
種の豊かさ 94	生態ピラミッド 59	地域環境問題 1
純生産量 53	生態リスク 111	地域個体群 30
純成長量 53	成長 30	地球温暖化 4
消費者 50	生物 20	地球環境問題 2, 174
植生 42	生物界 28	地球サミット 82
植物界 28	生物学的水質判定法 96	地圏 66
植物群落 42	生物群系 23	

地産地消	147	ハビタット	100, 125	ボトルネック効果	132
長距離越境大気汚染条約	10	ハビタット評価手続き		ホメオスタシス	20
鳥獣保護法	182	（HEP）	99	【ま】	
調整サービス	27	ハビタットロス	141	マルサス的成長	30
		反作用	21	【み】	
【て】		【ひ】		水の華	151
適性基準	103	ビオトープ	125	密度依存性	31
デトリタス	51	ビオトープタイプ	126, 128	密度効果	34
デトリタス経路	60	干潟	163	ミティゲーション	
【と】		被食量	53		91, 125, 191
同化	55	微生物連鎖	61	未判定外来生物	185
島嶼生態学	38	貧栄養湖	148	【も】	
動物界	28	品種	28	綱	28
登録湿地	195	【ふ】		目	28
特定外来生物	185	富栄養化	68, 74	モニタリング	143
独立栄養生物	51	富栄養化現象	150	モネラ界	28
都市生態系	140	富栄養湖	148	藻場	168
【な】		復元	122	門	28
内的自然増加率	30	不消化排出	55	モントリオール議定書	8
内部負荷	151	腐食連鎖	60	【や】	
【に】		腐食連鎖系	134	野生絶滅種（EW）	84
二次生産	55	淵	158	【ゆ】	
二次生産者	55	普通種	84	有害廃棄物の越境移動	14
二次遷移	45	物質収支	67	優占種法	96
ニッチ	42	物質循環	66	【よ】	
ニッチ分割	43	物質生産	53	要注意外来生物リスト	186
2分の3乗則	37	分解者	51	予防原則	112
【の】		文化的サービス	27	予防的順応的態度	113
農耕地生態系	144	分散	38	【ら】	
【は】		【へ】		ライフサイクルアセスメント（LCA）	90
バイオアッセイ	94	平衡種	35	ラムサール条約	195
バイオマス	53	ベック・津田法	96, 97	【り】	
バイオマニピュレーション	153	変種	28	理化学的水質判定法	96
バイオーム	23	【ほ】			
倍加時間	32	防御	121		
バーゼル条約	15	放浪種	34		
バッファゾーン	132	補償深度	152		
		保全	122, 191		
		保存	121		

【れ】

劣性形質	78
レッドデータブック	85
レフュージア	80

【ろ】

ロジスティック成長	31
ロジスティック方程式	31
ロンドン条約	13

【わ】

ワシントン条約	196

【A】

ATP	55

【B】

BEST	106
BI	97

【C】

CBD	82
CR	84
CSI	104
C-S-R 戦略	41
C-戦略	41

【E】

EN	85
EW	84
EX	84

【H】

HEP	99

【I】

IBI	108
IFIM	105
IPCC	5

【K】

K-選択種	34

【L】

LCA	90

【O】

OPRC 条約	14

【P】

PHABSIM	102
PI	97

【R】

r-選択種	34
R-戦略	41

【S】

S 字型成長曲線	32
S-戦略	41

【V】

VU	85

【W】

WUA	102

―― 著者略歴 ――

宇野　宏司（うの　こうじ）
1999 年　徳島大学工学部建設工学科卒業
2004 年　徳島大学大学院博士後期課程修了
　　　　（マイクロ制御工学専攻）
　　　　博士（工学）
2004 年　国土環境株式会社技師
2004 年　京都大学大学院工学研究科附属環境質
～05 年　制御研究センター研究員
2006 年　神戸市立工業高等専門学校助手
2007 年　神戸市立工業高等専門学校講師
2009 年　神戸市立工業高等専門学校准教授
　　　　現在に至る

渡部　守義（わたなべ　もりよし）
1997 年　山口大学工学部社会建設工学科卒業
2002 年　山口大学大学院博士課程修了
　　　　（社会建設工学専攻）
　　　　博士（工学）
2002 年　山口大学大学院 VBL 講師
2004 年　明石工業高等専門学校助手
2009 年　明石工業高等専門学校講師
2010 年　明石工業高等専門学校准教授
　　　　現在に至る

環境生態工学
Environmental and Ecological Engineering
　　　　　　　　　　Ⓒ Kohji Uno, Moriyoshi Watanabe　2016

2016 年 3 月 17 日　初版第 1 刷発行

検印省略	著　者	宇　野　宏　司
		渡　部　守　義
	発行者	株式会社　コロナ社
	代表者	牛来真也
	印刷所	萩原印刷株式会社

112-0011　東京都文京区千石 4-46-10
発行所　株式会社　**コ ロ ナ 社**
CORONA PUBLISHING CO., LTD.
Tokyo Japan
振替 00140-8-14844・電話 (03) 3941-3131 (代)
ホームページ　http://www.coronasha.co.jp

ISBN 978-4-339-05521-4　　（金）　（製本：愛千製本所）
Printed in Japan

本書のコピー，スキャン，デジタル化等の無断複製・転載は著作権法上での例外を除き禁じられております。購入者以外の第三者による本書の電子データ化及び電子書籍化は，いかなる場合も認めておりません。

落丁・乱丁本はお取替えいたします

地球環境のための技術としくみシリーズ

(各巻A5判)

コロナ社創立75周年記念出版 〔創立1927年〕

■編集委員長　松井三郎
■編集委員　　小林正美・松岡　譲・盛岡　通・森澤眞輔

配本順			頁	本体
1. (1回)	今なぜ地球環境なのか　松井三郎編著 松下和夫・中村正久・高橋一生・青山俊介・嘉田良平 共著		230	3200円
2. (6回)	生活水資源の循環技術　森澤眞輔編著 松井三郎・細井由彦・伊藤禎彦・花木啓祐 荒巻俊也・国包章一・山村尊房 共著		304	4200円
3. (3回)	地球水資源の管理技術　森澤眞輔編著 松岡　譲・髙橋　潔・津野　洋・古城方和 楠田哲也・三村信男・池淵周一 共著		292	4000円
4. (2回)	土壌圏の管理技術　森澤眞輔編著 米田　稔・平田健正・村上雅博 共著		240	3400円
5.	資源循環型社会の技術システム　盛岡　通編著 河村清史・吉田　登・藤田　壮・花嶋正孝 宮脇健太郎・後藤敏彦・東海明宏 共著			
6. (7回)	エネルギーと環境の技術開発　松岡　譲編著 森　俊介・槌屋治紀・藤井康正 共著		262	3600円
7.	大気環境の技術とその展開　松岡　譲編著 森口祐一・島田幸司・牧野尚夫・白井裕三・甲斐沼美紀子 共著			
8. (4回)	木造都市の設計技術 小林正美・竹内典之・髙橋康夫・山岸常人 外山　義・井上由起子・菅野正広・鉾井修一 共著 吉田治典・鈴木祥之・渡邉史夫・高松　伸		282	4000円
9.	環境調和型交通の技術システム　盛岡　通編著 新田保次・鹿島　茂・岩井信夫・中川　大 細川恭史・林　良嗣・花岡伸也・青山吉隆 共著			
10.	都市の環境計画の技術としくみ　盛岡　通編著 神吉紀世子・室崎益輝・藤田　壮・島谷幸宏 福井弘道・野村康彦・世古一穂 共著			
11. (5回)	地球環境保全の法としくみ　松井三郎編著 岩間　徹・浅野直人・川勝健志・植田和弘 倉阪秀史・岡島成行・平野　喬 共著		330	4400円

定価は本体価格+税です。
定価は変更されることがありますのでご了承下さい。

図書目録進呈◆

環境・都市システム系教科書シリーズ

(各巻A5判，14.のみB5判)

- ■編集委員長　澤　孝平
- ■幹　　　事　角田　忍
- ■編集委員　荻野　弘・奥村充司・川合　茂
　　　　　　　嵯峨　晃・西澤辰男

配本順		著者	頁	本体
1. (16回)	シビルエンジニアリングの第一歩	澤 孝平・嵯峨 晃・川合 茂・角田 忍・荻野 弘・奥村充司・西澤辰男 共著	176	2300円
2. (1回)	コンクリート構造	角田 忍・竹村和夫 共著	186	2200円
3. (2回)	土質工学	赤木知之・吉村優治・上 俊二・小堀慈久・伊東 孝 共著	238	2800円
4. (3回)	構造力学Ⅰ	嵯峨 晃・武田八郎・原 隆・勇 秀憲 共著	244	3000円
5. (7回)	構造力学Ⅱ	嵯峨 晃・武田八郎・原 隆・勇 秀憲 共著	192	2300円
6. (4回)	河川工学	川合 茂・和田 清・神田佳一・鈴木正人 共著	208	2500円
7. (5回)	水理学	日下部重幸・檀 和秀・湯城豊勝 共著	200	2600円
8. (6回)	建設材料	中嶋清実・角田 忍・菅原 隆 共著	190	2300円
9. (8回)	海岸工学	平山秀夫・辻本剛三・島田富美男・本田尚正 共著	204	2500円
10. (9回)	施工管理学	友久誠司・竹下治之 共著	240	2900円
11. (21回)	改訂測量学Ⅰ	堤 隆 著	224	2800円
12. (22回)	改訂測量学Ⅱ	岡林 巧・堤 隆・山田貴浩・田中龍児 共著	208	2600円
13. (11回)	景観デザイン ─総合的な空間のデザインをめざして─	市坪 誠・小川総一郎・谷平 考・砂本文彦・溝上裕二 共著	222	2900円
14. (13回)	情報処理入門	西澤辰男・長岡健一・廣瀬康之・豊田 剛 共著	168	2600円
15. (14回)	鋼構造学	原 隆・山口隆司・北原武嗣・和多田康男 共著	224	2800円
16. (15回)	都市計画	平田登基男・亀野辰三・宮housing弘・武井幸久・内田一平 共著	204	2500円
17. (17回)	環境衛生工学	奥村充司・大久保孝樹 共著	238	3000円
18. (18回)	交通システム工学	大橋健一・栁澤吉保・髙岸節夫・佐々木恵一・日野 智・折田仁典・宮腰和弘・西澤辰男 共著	224	2800円
19. (19回)	建設システム計画	大橋健一・荻野 弘・西澤辰男・栁澤吉保・鈴木正人・伊藤 雅・野田宏治・石内鉄平 共著	240	3000円
20. (20回)	防災工学	渕田邦彦・疋田 誠・檀 和秀・吉村優治・塩野計司 共著	240	3000円
21. (23回)	環境生態工学	宇野宏司・渡部守義 共著	230	2900円

定価は本体価格+税です。
定価は変更されることがありますのでご了承下さい。

図書目録進呈◆